新型职业农民培训 系列教材

肉羊养殖与防疫实用技术

● 鲍俊杰　张艳玲　主编

中国农业科学技术出版社

图书在版编目(CIP)数据

肉羊养殖与防疫实用技术／鲍俊杰,张艳玲主编.—北京：
中国农业科学技术出版社,2014.6

(新型职业农民培训系列教材)

ISBN 978-7-5116-1683-8

Ⅰ.①肉…　Ⅱ.①鲍…②张…　Ⅲ.①肉用羊-饲养管理
②羊病-防疫　Ⅳ.①S826.9②S858.26

中国版本图书馆CIP数据核字(2014)第113692号

责任编辑　　徐　毅　张国锋
责任校对　　贾晓红

出 版 者	中国农业科学技术出版社
	北京市中关村南大街12号　邮编:100081
电　　话	(010)82106631(编辑室)　　(010)82109702(发行部)
	(010)82109709(读者服务部)
传　　真	(010)82106631
网　　址	http://www.CASTP.cn
经 销 者	各地新华书店
印 刷 者	北京建宏印刷有限公司
开　　本	850mm×1 168mm　1/32
印　　张	7.625
字　　数	202千字
版　　次	2014年6月第1版　2018年1月第3次印刷
定　　价	22.00元

新型职业农民培训系列教材

《肉羊养殖与防疫实用技术》
编 委 会

主 任　闫树军

副主任　张长江　卢文生　石高升

主 编　鲍俊杰　张艳玲

副主编　王泽奇　徐 华　王照华

编 者　刘 敏　平 凡　温书典

　　　　周彦伟　杨文林　李铠良

　　　　刘玉涛

序

  我国正处在传统农业向现代农业转化的关键时期，大量先进的农业科学技术、农业设施装备、现代化经营理念越来越多地被引入到农业生产的各个领域，迫切需要高素质的职业农民。为了提高农民的科学文化素质，培养一批"懂技术、会种地、能经营"的真正的新型职业农民，为农业发展提供技术支撑，我们组织专家编写了这套《新型职业农民培训系列教材》丛书。

  本套丛书的作者均是活跃在农业生产一线的专家和技术骨干，围绕大力培育新型职业农民，把多年的实践经验总结提炼出来，以满足农民朋友生产中的需求。图书重点介绍了各个产业的成熟技术、有推广前景的新技术及新型职业农民必备的基础知识。书中语言通俗易懂，技术深入浅出，实用性强，适合广大农民朋友、基层农技人员学习参考。

  《新型职业农民培训系列教材》的出版发行，为农业图书家族增添了新成员，为农民朋友带来了丰富的精神食粮，我们也期待这套丛书中的先进实用技术得到最大范围的推广和应用，为新型职业农民的素质提升起到积极的促进作用。

2014 年 5 月

前　　言

饲养肉羊成本低，周转快，易见效，目前养羊已经成为农村发展经济、农民奔小康的支柱产业，随着社会主义新农村建设的发展要求，部分地区禁牧使养羊业向高度集约化发展。规模化养羊场替代了以千家万户"放牧"为主的肉羊生产时代。这就迫切要求养殖者转变以往的经营观念，掌握先进实用的饲养技术。选择优良品种、扩大饲养规模、全面提升羊肉的产品质量。

为了普及科学养羊知识，改变传统落后的养羊方式和方法，提高肉羊饲养者科学养羊的技术水平，本书着重介绍肉羊品种、繁育、日粮配合、羊的饲养管理和肉羊快速育肥技术，羊舍建设，常见病预防与治疗以及羊场的无害化处理技术等内容。

这本《肉羊养殖与防疫实用技术》是编者结合多年基层工作经验和查阅资料编著而成。但由于学术水平的局限、时间仓促，在编写过程中难免有不妥和缺陷之处，真诚希望广大畜牧科技工作者和读者批评指正。

编　者

2014 年 5 月

目　　录

第一章　国内外肉羊业的现状及前景

养羊业是一项投资小、周转快、经济效益高的产业。20世纪90年代以来，肉羊业已成为国内外畜牧业发展的重要组成部分。目前，国内外羊肉市场潜力巨大，尤其是我国加入WTO后，发展肉羊产业具有广阔前景。国际市场上的绵羊肉、毛价格之差，促使了世界养羊业重点的转移和绵羊生产结构的调整。由于羊肉蛋白质含量高于猪肉，脂肪含量低，钙、磷、铁等矿物质明显高于猪肉、鸡肉，特别是羊以吃草和其他天然植物为主，因而羊肉是理想的绿色动物蛋白来源。由于人们生活水平的提高及自身保健意识的增强，羊肉越来越受到广大消费者的喜爱，因而羊肉的市场需求量也逐年增加。

第一节　国外肉羊发展现状

20世纪50年代前，国外养羊业一般以饲养毛用羊为主，肉用羊为辅，即"毛主肉从"。50年代以后，随着化纤合成工业和服装业的飞速发展，羊毛在纺织工业中的比重逐渐下降，毛用羊的饲养受到了很大冲击。同时，由于人民生活水平的提高及自身保健意识的增强，人类对羊肉的需求量逐年增加，羊肉的生产效益远高于羊毛生产。因此，到20世纪80年代中期以后，世界养羊业开始向多级化方向发展。在国际市场上羊肉价格为4 500美元/t左右，1t羊肉价格相当于2t羊毛价格。这种绵羊肉、毛价格之差，促使了世界养羊业的重点转移和绵羊生产结构的调整。

从市场需求趋势来看，羊肉的需求量呈日益增长趋势，世界羊肉市场近20年来一直是供求两旺态势。目前，肉羊已成为世界畜牧业发展的重要组成部分，一个明显的特点是从毛用转向肉用为主。肉羊业在大洋洲、美洲、欧洲和一些非洲国家得到迅猛发展，世界羊肉生产和消费明显增长，特别是许多国家羊肉生产从数量型增长转向质量型增长，生产瘦肉量高、脂肪含量少的优质羊肉，特别是羔羊肉，并开展了相关的育种工作。

全世界羊的存栏数、羊肉产量、人均占有羊肉量逐年增加，世界羊的总屠宰量也随之增加。羊肉产量排世界前十位的分别是中国、印度、澳大利亚、巴基斯坦、新西兰、伊朗、土耳其、英国、苏丹和西班牙。所采用的主要肉羊品种为无角道赛特、萨福克、德克赛尔、德国肉用美利奴等，其共同特点是母羊性成熟早、全年发情、产羔率高，羔羊生长发育快、肉用性能好和饲料报酬高等特点。

羊肉生产的增加不仅表现在产量上，同时反映在羊肉生产的结构上，就是肥羔生产迅速增加。世界上主要肉羊生产国都在大力发展肥羔生产，美国羔羊肉占羊肉产量的94%以上，英国占94%，法国占75%，新西兰占90%以上，澳大利亚占70%。在养羊业发达国家，肥羔生产已经是良种化、规模化、专业化、集约化。世界若干国家已将养羊业重点转到羊肉生产上，充分利用本国条件，采用高新技术、集约化的饲养方式，建立本国的羊肉生产体系。羊肉在人们肉类消费中的不断上升，不仅刺激了绵羊生产方向的变化，而且使羊肉生产向集约化、工厂化方向转变，引起了人们对多胎绵羊品种的重视。利用途径主要集中在：① 培育和引进国外新的肉羊品种；② 利用杂交优势培育新型肉羊品种；③ 实行现代化养羊方式，即集优良品种、杂交优势配套、科学繁殖饲养控制技术、疫病控制技术、环境调节、现代经营管理和社会化服务体系为一体。

第二节 我国肉羊生产现状及前景

随着肉羊业生产发展，各国都在研究和应用科技含量高的新技术，研究集约化肉羊生产所必需的繁殖控制技术、繁殖利用制度、饲养标准、饲料配方、育种技术、农副产品和青粗饲料加工利用技术，以及工厂化、半工厂化条件下生产肉羊的配套设施、饲养工艺和疫病防治程序等。

一、肉羊生产现状

（一）饲养集中、区域特点明显

中国肉羊业生产分布区域较广，涉及全国 31 个省市区，其中山羊存栏占绵、山羊总存栏数的 54.58%，绵羊为 45.42%。据业内人士统计：2009 年山羊主要分布在我国中南、西南和华东地区，以放牧为主；年存栏山羊 450 万只以上的有河南、山东、江苏、四川、安徽等 13 个省，合计存栏占全国山羊存栏总数的 83.30%，为山羊生产的集中产区。绵羊主要分布在我国的西部和东北及华北地区，产区养羊以半舍饲与放牧相结合，生产发展较快；常年存栏 500 万只以上的有新疆维吾尔自治区（全书称新疆）、内蒙古自治区（全书称内蒙古）、青海、河北、西藏自治区（全书称西藏）、甘肃、山东、山西、黑龙江等 9 省（区），合计存栏占全国肉羊存栏总数的 84.52%，为肉羊生产的主产区。

（二）品种资源丰富，种羊生产初具规模

中国肉羊品种资源丰富，有繁殖率高、生产周期短的特点。20 世纪 80 年代以来，育种的主要目标集中在追求母羊性成熟早、全年发情、产羔率高、泌乳力强、羔羊生长发育快、饲料报酬高、肉用性能好，并注意结合羊肉与产毛性状。同时，选择体大、早熟、多胎和肉用性能好的亲本广泛开展经济杂交。据统计，我国被列入国家畜禽品种杂志的共有 35 个品种，其中绵羊品种有 15 个，如滩羊、湖羊、乌珠穆沁羊和小尾寒羊等。这些品种具有高繁殖力、肉质好、产量高以及具备板皮、羔皮、奶用等许多种专用优良性状，为全面推进我国良种优化提供了很好的种源基础。另外，我国种羊场的建设也取得了长足发展。目前，已建成规模种羊场 1 000 多个，他们担负着我国良种羊的繁育和供种工作，每年可提供种羊 40 多万只，为我国良种繁育体系建设和养羊业生产的发展起到了重要的推动作用。

二、肉羊生产存在的问题

（一）传统的饲养习惯制约养殖水平的提高

目前，我国养羊业仍是以千家万户分散饲养为主，生产上管理粗放，靠天养畜，产品不能满足市场需求。屠宰上市仍然是地方原有品种的老龄残羊和去势的成年公羊，不但不能有效地形成规模，而且饲养周期长，产品质量差，疫病发生率也较高，严重制约养羊业的进一步发展。

（二）肉羊良种化程度低，生产力水平不高

我国肉羊品种改良始于 20 世纪 70 年代，尽管历代科技工作者在利用国外优良品种开展杂交改良，培育出肉羊高产品种，但时至今日，我国肉羊良种化程度依然不高，绵羊仅占全国改良总数的38%。这就大大影响了我国养羊业的总体生产水平和产品质量，羊肉生产仍以地方品种或细毛杂种羊为主，细毛羊及半细毛羊的良种普及率也较低。

（三）草场严重退化，单位面积畜产品产值低

天然草场和草山坡仍然是我国饲养肉羊的主要放牧地。然而，多年来，许多地区单纯盲目地发展牲畜数量，掠夺式地利用天然草原，对草原重用轻养，放牧过度，长期超载，加上滥垦、

乱挖和鼠、虫害的严重破坏，使天然草场退化、沙化严重，目前退化、沙化和盐碱化的草场已占全国草场面积的1/30。由于草地的"三化"，生产力逐年降低，单位面积草地产肉量仅为世界平均水平的1/3。草地退化严重制约我国养羊业的发展，特别是在冬春饲草严重缺乏季节，没有充足的饲草饲料进行舍饲或加强补饲，这种落后的饲养方式与规模化养羊严重不相适应是山区农民规模养羊效益不高的最主要原因之一。

（四）资金投入不足

我国有可利用草原面积3.1亿公顷，每年提供的畜产品产值约39亿元，而国家每年投入草原建设的资金仅1亿元左右，平均每公顷几角钱。另外，我国养羊业多处于经济比较落后的山区。因此，天然草原的围栏、引水灌溉工程、退化草原的改良更新、人工草场的建设以及养羊业的配套设施等基础建设缺乏资金投入。

（五）劳动者文化水平较低

目前，在我国农村约4.6亿劳动力中，由于劳动者文化水平低，经过培训的技术人员很少，配种靠的是自然交配，饲养靠的是天然牧场。有技术的人不愿走向农村，这就抑制了养羊业对新技术、新成果、新信息的接纳，影响先进技术的应用。

三、我国肉羊业发展前景

近年来，我国肉羊养殖业迅速发展，前景很好。例如，山东、河南是农业大省，粮食生产的发展带动了养羊业的进步。因为羊肉鲜嫩、味美、多汁，胆固醇含量低，营养丰富，一直深受人们喜爱，是冬季滋补佳品，更加符合现代消费者的口味和营养需求，人们对肉类消费由猪肉为主逐渐转向牛羊肉，因此羊肉必将随着现代社会节奏的加快而逐渐增加在国内外消费市场的比重。

目前，我国羊肉产量仅占肉类总产量的 4% 左右，年人均占有量不足 2.5kg，与其他肉类相比具有较大的市场潜力可挖。由于近阶段羊毛价格持续在较低价位，而羊肉价格上扬，养羊业呈现向肉用方向发展的趋势，不少牧区将已改良的细毛羊及其杂交种羊用本地肉羊回交，以增加产肉能力，继而形成牧区扩繁、农区短期强度育肥的生产方式。

一是山羊生产重点向肉用羊和绒用羊两个方向发展。在肉用羊生产中，首先要保护好我国地方优秀的品种资源，在此基础上进行有计划的、分期分批的杂交改良，生产优质高产肉羊，保障市场供应。

二是绵羊生产将根据国家的规划，重点发展肉用品种。在大力发展肉羊数量的同时，还必须加大草场建设力度，改善草地资源环境，增加单位面积产草量，发展种草养羊配套技术的推广，改变饲养模式，提高母羊繁殖率，增加养羊经济效益。

三是引进品种改良杂交。为了加速我国肉羊业发展和科技创新，我国计划通过引进国外先进高效的肉羊生产管理技术以及成功的经验，利用引进的著名专门化肉羊品种，通过区域间合作，培育适合在我国生产的适应性强、生产性能高的肉用品种。并尝试像肉鸡和瘦肉型猪那样用进口肉羊品种和我国地方良种羊构建肉羊合成系，提高肉羊生产效率，增加羊肉产量。以近年来引进的国外肉羊品种和数量巨大的地方品种为基础，利用肉羊有利基因高效表达技术、最佳线性模型预测技术和 MOET 快速扩繁技术，培育专门化肉羊品系，并进行有计划的新型杂交，使进口肉羊品种的早熟、增重快、产肉多的优势和我国地方品种羊的群体大、适应性强、肉质好、抗病力强、多胎、母性好等特点相结合，充分利用牧区夏、秋草原黄金季节，商品肉羊秋末冬初出栏，使羊群的增减周期与牧草的盛衰周期同步。

四是逐渐向规模化、标准化方向转变。目前，我国正在加快实施和推进社会主义新农村建设，养羊业原有的落后的生产方式已不再适应现代化的发展需要，取而代之的是规模化、标准化的养殖方式。这就需要采取现代养殖理念，引进优良品种或培育优良配套组合，推行自繁自养的生产方式，提高养羊业的商品质量和增加养殖户的养殖效益。

五是广开草源，确保草料常年供应。一是采用现代青贮技术，将部分植物秸秆青贮保存，保证母畜青饲料的常年供应；二是科学合理地将豆科或禾本科作物的秸秆微贮保存，确保冬、春季饲料的供应。

六是根据市场需求，确保肉羊适龄出栏。当前，国内外羊肉市场价格高、销路好，是农民发展规模养羊、开展肉羊生产的最佳时期，而羔羊肉则是目前和今后羊肉市场消费的主导产品，老龄羊肉越来越不受市场欢迎，因此规模羊场必须瞄准市场需求，抓住有利时期，大力生产适销对路的羔羊产品，使羊场羔羊6月龄左右体重达到30kg或更高，做到羔羊当年育肥当年出栏。因此规模羊场要千方百计采取有效措施，保证肉羊适时出栏并达到市场对羊肉的品质要求。

通过整合上述技术，可以缩短我们与国外在养羊业上的差距，而且可以充分发挥我国地方品种肉羊的资源优势和地区优势，有利于我国畜牧业结构调整，增强地区优势，加快农牧民增收和农村牧区经济均衡发展。

第二章　我国现有的肉羊品种

我国肉羊业起步较晚，国内还没有专门的肉用型羊品种，从20世纪60年代起才开始从国外引入一些优良肉羊品种。如萨福克、边区莱斯特羊、美利奴羊、无角道赛特、夏洛莱等肉用绵羊品种和波尔山羊肉用山羊品种，用于改良我国地方品种。改良的后代具有生长速度快、体型大和产肉率高等杂交优势，使养羊业的经济效益显著提高。

第一节　我国引进的优良肉用羊品种

一、无角道赛特

无角道赛特原产于英国，在澳大利亚和新西兰饲养很多。该品种是以雷兰羊和有角道赛特羊为母本，考力代羊为父本进行杂交，杂种羊再与有角道赛特公羊回交，然后选择所生的无角后代培育而成。

（一）体型外貌

该品种羊具有早熟、生长发育快、全年发情和耐热及适应干燥气候等特点。公、母羊均无角，颈粗短，体躯长，胸宽深，背腰平直，体躯呈圆筒形，四肢粗短，后躯发育良好，全身被毛白色。

无角道赛特（公）　　　　　　无角道赛特（母）

（二）生产性能

成年公羊体重 100~125kg，母羊 75~90kg。毛长 7.5~10cm，细度 50~56 支，剪毛量 2.5~3.5kg。胴体品质和产肉性能好，4 月龄羔羊胴体 20~24kg，屠宰率 50% 以上。产羔率为 130%~180%。我国新疆和内蒙古自治区曾从澳大利亚引入该品种，经过初步改良观察，遗传力强，是发展肉用羔羊的父系品种之一。

（三）杂交效果

目前，主要用于和我国内地的小尾寒羊杂交，其杂交一代的生产性能明显高于小尾寒羊。有试验报道：无角道赛特与细毛羊杂交，杂一代公羔平均初生重为 4.3kg，74 日龄平均日增重为 206.12g，平均体重为 19.46kg；母羔平均初生重为 4.02kg，73 日龄平均日增重为 190.19g，平均体重为 17.84kg。屠宰 8 月龄左右公羔的平均屠宰前体重为 42.36kg，胴体重 18.45kg，净肉重 14.39kg，屠宰率为 43.58%，胴体净肉率为 77.49%。与小尾寒羊杂交，杂一代公羊 3 月龄体重达 29kg，6 月龄体重达 40.5kg，胴体重为 24.2kg，屠宰率 54.5%，净肉率 43.1%，净肉重 19.14kg，后腿、腰肉重 11.15kg，占胴体重 46.07%。且杂交后代的营养需求比纯种的无角道赛特低，饲草范围广，适应性强，适合在我国北方地区饲养。

二、德国肉用美利奴

德国肉用美利奴羊原产于德国。

（一）体型外貌

德国肉用美利奴羊体格大，体质结实，结构匀称，头颈结合良好，胸宽而深，背腰平直，臀部宽广，肌肉丰满，四肢坚实，体躯长而深，呈良好肉用型。该品种早熟，羔羊生长发育快，产肉多，繁殖力高，被毛品质好。公、母羊均无角，颈部及体躯皆无皱褶。体格大，胸深宽，背腰平直，肌肉丰满，后躯发育良好。被毛白色，密而长，弯曲明显。

德国肉用美利奴（公）

德国肉用美利奴（母）

（二）生产性能

肉用美利奴在世界优秀肉羊品种中，唯一具有除个体大、产肉多、肉质好优点外，还具有毛产量高、毛质好的特性，是肉毛兼用最优秀的父本。体重成年公羊为 100～140kg，母羊 70～80kg，羔羊生长发育快，日增重 300～350g，130 天可屠宰，活重可达 38～45kg，胴体重 8～22kg，屠宰率 47%～50%。具有高的繁殖能力，性早熟，12 个月龄前就可第一次配种，产羔率为 135%～150%。母羊保姆性好，泌乳性能好，羔羊死亡率低。

（三）杂交效果

德国肉用美利奴羊适于舍饲、半舍饲和放牧等各种饲养方式，是世界著名的肉羊品种。近年来我国由德国引入该品种羊，饲养在内蒙古自治区和黑龙江省。德国肉用美利奴羊与小尾寒羊杂交，杂一代公羊3月龄体重达26kg，6月龄体重达35kg，胴体重为16.8kg，屠宰率48%，净肉率40.5%，净肉重14.2kg，后腿、腰肉重8.15kg，占胴体重48.51%。

三、德克赛尔羊

德克赛尔羊源于荷兰北海岸的德克赛尔岛的老德克赛尔羊，19世纪初用林肯与莱斯特杂交培育而成德克赛尔肉羊品种，具有肌肉发育良好、瘦肉多等特点。现在美国、澳大利亚、新西兰等有大量饲养，被用于肥羔生产主要杂交父本之一。

（一）体型外貌

德克赛尔羊公母无角，腿短、黑鼻、耳短，头及四肢无羊毛覆盖，仅有白色的发毛，头部宽短，部分羊耳有黑斑。背腰平直，肋骨开张良好。

德克赛尔（公）

德克赛尔（母）

（二）生产性能

德克赛尔羊具有瘦肉率高、胴体品质好等特点。羊毛46～

56 支,剪毛量 3.5 ~ 4.5kg,毛长 10cm 左右。成年公羊体重 100 ~ 120kg,成年母羊体重 70 ~ 80kg,母羊性成熟大约 7 个月,产羔率 150% ~ 160%。母性强,泌乳性能好,羔羊生长发育快,4 ~ 5 月龄可达 40 ~ 50kg,屠宰率 55% ~ 60%。该羊可用于做肥羔生产的父系品种,并有取代萨福克羊地位的趋势。

（三）杂交效果

德克赛尔是世界著名的肉羊品种。20 世纪 90 年代末,黑龙江、宁夏等省区由加拿大引入该品种羊。德克赛尔公羊与小尾寒羊杂交,杂一代公羊 3 月龄体重达 27.3kg,6 月龄体重达 39kg,胴体重为 19.1kg,屠宰率 48%,净肉率 41%,净肉重 15.9kg。

四、夏洛莱

夏洛莱羊原产于法国中部的夏洛莱地区,用英国莱斯特羊、南丘羊为父本与当地的细毛羊杂交育成,具有早熟、耐粗饲、采食能力强、肥育性能好等特点。我国在 20 世纪 80 年代末和 90 年代初,由内蒙古畜牧科学院、河北省、山东省等地分别引入。

夏洛莱（公）   夏洛莱（母）

（一）体型外貌

夏洛莱羊体型大,背腰长平,后躯发育好,肌肉丰满。头部无毛或少量粗毛,脸部呈粉红色或灰色。

（二）生产性能

成年公羊体重为 110 ~ 140kg，母羊 80 ~ 100kg；周岁公羊体重 70 ~ 90kg，周岁母羊体重 50 ~ 70kg，8 月龄公羊可达 60kg，母羊 40kg，屠宰率 50% ~ 55%，胴体品质好、瘦肉多、脂肪少，母羊 8 个月参加配种，初产羔率达 140%，三至五胎产羔率可达 190%，毛短，细度 65 ~ 60 支。

（三）杂交效果

夏洛莱羊除进行纯种繁育外，还作为优良杂交肉羊父本之一与当地羊进行杂交，生产杂交羔羊肉。20 世纪 90 年代初，内蒙古畜牧科学院、山东等地用夏洛莱公羊与当地羊杂交，杂一代公羊 3 月龄体重达 30kg，6 月龄体重达 42kg，胴体重 20.1kg，屠宰率 48%，净肉率 35%，净肉重 14.7kg。

五、边区莱斯特

边区莱斯特羊是 19 世纪中期，在英国北部苏格兰，用莱斯特羊与山地雪伏特品种母羊杂交培育而成，1860 年为与莱斯特羊相区别，称为边区莱斯特半细毛羊。从 1966 年起，我国曾几次从英国和澳大利亚引入，经过 20 多年的饲养实践，在四川、云南等省繁育效果比较好。目前，该品种是正在培育中的西南半细毛羊新品种的主要父系之一，也是各省（区）进行羊肉生产杂交组合中重要的参与品种。

（一）体型外貌

边区莱斯特半细毛羊体质结实，体型结构良好，体躯长，背宽平，公、母羊均无角，鼻梁隆起，两耳竖立，头部及四肢无羊毛覆盖。

（二）生产性能

边区莱斯特半细毛羊成年公羊体重 90 ~ 140kg，成年母羊为 60 ~ 80kg；剪毛量成年公羊 5 ~ 9kg，成年母羊 3 ~ 5kg，净毛率

边区莱斯特（公）

边区莱斯特（母）

65%～68%；毛长 20～25cm，细度 44～48 支；产羔率 150%～200%；幼年时期有很高的早熟性，4～5 月龄羔羊的胴体重 20～22kg。

（三）杂交性能

目前，该品种是正在培育中的西南半细毛羊新品种的主要父系之一，也是各省（区）进行羊肉生产杂交组合中重要的参与品种。

六、萨福克

萨福克羊原产于英格兰东南的萨福克、诺福克、剑桥和艾塞克斯等地。以南丘羊为父本与当地体大、瘦肉率高的黑脸有角诺福克羊（Norflk Horn）为母本杂交培育而成。无论是黑头萨福克还是白头萨福克，除了头部颜色和有关的色素沉着有不同，它们都携带相同的基因，具有相同的品种特点，萨福克羊品种标准同时适用于黑头萨福克和白头萨福克，是 19 世纪初期培育出来的品种。在英国、美国是用作终端杂交的主要公羊。

（一）体型外貌

萨福克羊体格大，头短而宽，鼻梁隆起，耳大，公、母羊均无角，颈长、深且宽厚，胸宽，背、腰和臀部长宽而平。肌肉丰

黑头萨福克羊（公）

黑头萨福克羊（母）

白头萨福克羊（公）

白头萨福克羊（母）

满，后躯发育良好。体躯主要部位被毛白色，头和四肢为黑色的叫黑头萨福克，头和四肢是白色的叫白头萨福克。头和四肢无羊毛覆盖，但毛丛间含有纤维，纺织价值低，四肢粗壮结实。

（二）生产性能

萨福克羊的特点是早熟，生长发育快，平均日增重250～300g，3个月龄羔羊胴体重达17kg，肉嫩脂少。成年公羊体重100～136kg，成年母羊70～96kg。剪毛量成年公羊5～6kg，成年母羊2.5～3.6kg，毛长7～8cm，细度50～58支，净毛率60%左右，被毛白色，但偶尔可发现有少量的有色纤维。产羔率141.7%～157.7%。产肉性能好，经肥育的4月龄公羔胴体重

24.2kg，4月龄母羔为19.7kg，并且瘦肉率高，是生产大胴体和优质羔羊肉的理想品种。美国、英国、澳大利亚等国都将该品种作为生产肉羔的终端父本品种。

（三）改良效果

与国内细毛羊、哈萨克羊、阿勒泰羊、蒙古羊等杂交，在相同的饲养管理条件下，杂种羔羊具有明显的肉用体型。利用这种方式进行专门化的羊肉生产，羔羊当年即可出栏屠宰，使羊肉生产水平和效率显著提高。

七、杜泊羊

杜泊绵羊，原产地南非，简称杜泊羊，用南非土种绵羊黑头波斯母羊作为母本，英国有角道赛特羊作为父本杂交培育而成，是国外的肉用绵羊品种。无论是黑头杜泊羊还是白头杜泊羊，除了头部颜色和有关的色素沉着有不同，它们都携带相同的基因，具有相同的品种特点，杜泊绵羊品种标准同时适用于黑头杜泊和白头杜泊，是属于同一品种的两个类型。杜泊羔羊生长迅速，断奶体重大，这一点是肉用绵羊生产的重要经济特性。

白头杜泊（公）　　　　　　　　白头杜泊（母）

（一）体型外貌

杜泊分为白头杜泊和黑头杜泊两种。这两种羊体躯和四肢皆

黑头杜泊（公）

黑头杜泊（母）

为白色，头顶部平直，额宽，耳大稍垂。颈粗短，肩宽厚，背平直，前胸丰满，后躯肌肉发达。

（二）生产性能

杜泊羊全年发情不受季节限制。经过良好的生产管理，羊场可按计划一年四季生产肥羔。杜泊羊多胎高产，发情期母羊的受胎率相当高，这一点有助于羊群选育，也有利于增加肥羔数量。母羊的产羔间隔期为 8 个月。因此，在饲草条件和管理条件较好情况下，母羊可达到两年三胎。母羊生产具有多胎性，在良好的饲养管理条件下，一般产羔率能达到 150%，初产母羊一般产单羔。如果假定产羔率为 150%，管理上能达到 2 年 3 胎，那么以一年计，一头母羊一年可产 2.25 只羊。3～4 月龄的断奶羔羊体重可达 38kg，胴体重 16kg，肉骨比为（4.9～5.1）：1。胴体中的肌肉约占 65%，脂肪 20%，优质肉占 43.2%～45.9%，肉质细嫩可口，特别适合肥羔生产，被国际誉为钻石级绵羊肉。年剪毛 1～2 次，剪毛量成年公羊 2～2.5kg，成年母羊 1.5～2kg，被毛多为同质细毛，个别个体为细的半粗毛，毛短而细，春毛 6.13cm，秋毛 4.92cm，羊毛主体细度为 64 支，少数达 70 支或以上；净毛率平均 50%～55%。

（三）改良效果

山东省、河北省等地，绵羊品种资源丰富，如小尾寒羊和洼地绵羊等，这些品种存在一个共同的缺点，即生长发育慢和出肉率低。虽然小尾寒羊相对生长速度较快，但出肉率低却是其明显的不足之处。杜泊羊与这些地方羊品种杂交，在相同的饲养管理条件下，杂种羔羊具有明显的肉用体型。利用这种方式进行专门化的羊肉生产，羔羊6月龄即可出栏屠宰，可以迅速提高其产肉性能，增加经济效益和社会效益。

八、波尔山羊

波尔山羊原产于南非，作为种用，现已被非洲许多国家以及新西兰、澳大利亚、德国、美国、加拿大、英国、中国等引进。波尔山羊被称为世界"肉用山羊之王"，具有体型大、生长快、繁殖力强、产羔多、屠宰率高、产肉多、肉质细嫩、耐粗饲、适应性强和抗病力强的特点。自1995年我国首批从德国引进波尔山羊以来，许多地区包括江苏、山东、重庆忠县等也先后引进了一些波尔山羊，并通过纯繁扩群逐步向周边地区和全国各地扩展。波尔山羊是优良公羊的重要品种，作为终端父本能显著提高杂交后代的生长速度和产肉性能。

波尔山羊（公）

波尔山羊（母）

（一）体型外貌

波尔山羊毛色为白色，头颈为红褐色，额端到唇端有一条白色毛带。

头部：头部粗壮，眼大、棕色；口腭结构良好；额部凸出，曲线与鼻和角的弯曲相应，鼻呈鹰钩状；角坚实，长度中等，公羊角粗大，向后、向外弯曲，母羊角细而直立；有髯；耳长而大，宽阔下垂。

颈部：颈粗壮，长度适中，且与体长相称；肩宽肉厚，体躯相称，肩甲宽阔不尖突，胸深而宽，颈胸结合良好。

体躯与腹部：前躯发达，肌肉丰满；体躯深而宽阔，呈圆筒形；肋骨开张与腰部相称，背部宽阔而平直；腹部紧凑；尻部宽而长，臀部和腿部肌肉丰满；尾平直，尾根粗、上翘。

四肢：四肢端正，短而粗壮，系部关节坚韧，蹄壳坚实，呈黑色；前肢长度适中、匀称。

皮肤与被毛：全身皮肤松软，颈部和胸部有明显的皱褶，尤以公羊为甚。眼睑和无毛部分有色斑。全身毛细而短，有光泽，有少量绒毛。头颈部、耳和前躯为棕红色，允许有棕色，额端到唇端有一条白带。体躯、胸部、腹部与前躯为白色，允许有棕红色斑。尾部为棕红色，允许延伸到臀部。

（二）生产性能

主要生产山羊肉，肉用型体型，产肉性能高，肉质细嫩、味美，繁殖率高，多胎波尔山羊的生产性能高、适应性强而驰名于世界。据南非测定：羔羊初生体重平均为4.15kg，100日龄断奶至270日龄，平均日增重200g，屠宰率为56.2%，体脂占18.31%，骨肉比为1∶4.71，胴体重的净肉率为48%，其中瘦肉占68%。波尔山羊6月龄性成熟，168日龄公羊可配种。一年产羔两次或两年产羔三次，平均产羔率为207.8%，单羔率为7%，双羔率为65%，三羔率26%，四羔率为2%，羔羊成活率为90%以上，生育期达10年左右，母羊母性强，泌乳性能好。

第二节　我国优质的绵羊品种

近几年来，我国养羊业已成为畜禽中发展最快的行业。国内养殖的主要品种有：小尾寒羊、乌珠穆沁羊和内蒙古细毛羊等，其特征是有的多胎，有的毛肉兼用。又通过进口优良品种肉羊对其进行品种改良之后，其后代具有生长速度快、体型大和产肉率高等杂交优势，使养羊业的经济效益显著提高。

一、小尾寒羊

小尾寒羊是中国乃至世界著名的肉裘兼用型绵羊品种，起源于古代北方蒙古羊，随着历代人民的迁移，把蒙古羊引入自然生态环境和社会经济条件较好的中原地区以后，经过长期选择和精心培育，逐渐形成具有多胎高产的裘（皮）肉兼用型优良绵羊品种。

小尾寒羊（公）　　　　　　　　　　小尾寒羊（母）

（一）体型外貌

小尾寒羊体型结构匀称，侧视略呈长方形；鼻梁隆起，耳大下垂；短脂尾呈圆形，尾尖上翻，尾长不超过飞节；胸部宽深、肋骨开张，背腰平直。体躯长呈圆筒状；四肢高，健壮端正。公羊头大颈粗，有发达的螺旋形大角，角根粗硬；前躯发达，四肢粗壮，有悍威、善抵斗；母羊头小颈长，大都有角，形状不一，有镰刀状、鹿角状、姜芽状等，极少数无角。全身被毛白色、异质、有少量干死毛，少数个体头部有色斑。按照被毛类型可分为裘毛型、细毛型和粗毛型三类，裘毛型毛股清晰、花弯适中美观。

（二）生产性能

成年公母羊体重分别为 94.1kg 和 48.7kg，周岁小尾寒羊公羊体重为 40.48kg；公、母羊一般都在 5～6 月龄性成熟，母羊 6～7 月龄，公羊 10～12 月龄即可开始配种繁殖。母羊发情周期平均 17 天，妊娠期 150 天，产后 1～3 个月发情，繁殖周期 6～8 个月，一年两胎或两年三胎。母羊每胎产羔 2～4 只，随着胎次增长产羔率增加。群体平均产羔率 270%，远高于国内外其他绵羊品种。小尾寒羊肉用性能优良，早期生长发育快，易肥育，适于早期屠宰。公、母羔羊初生重分别为 3.72kg 和 3.53kg。在良好的饲养条件下，3 月龄公羔断奶体重达 27kg，胴体重 12.4kg，净肉重 9.5kg；3 月龄母羊羔断奶体重达 24kg，胴体重 11kg，净肉重 8.4kg。6 月龄公羊体重可达 46kg，胴体重 21.2kg，净肉重 16.2kg；6 月龄母羊体重可达 42kg，胴体重 19.3kg，净肉重 14.7kg。周岁育肥羊屠宰率 50%，净肉率 40%。小尾寒羊成年公羊年剪毛量 5.1kg，母羊 2.4kg。而且毛纤维长、油汗低、净毛率高，以细绒毛和两型毛为主，有少量粗毛，可以用于毛纺工业，制造高级毛毯、地毯等。

小尾寒羊的耐粗饲特性，是作为纯种繁育、胚胎移植的良好受体羊，后代羔羊体质结实、抗病能力强、适应性较好。

二、内蒙古细毛羊

内蒙古细毛羊原名锡林郭勒盟细毛羊，是在锡林郭勒盟生态条件下经多年培育而成的毛肉兼用型品种。1976 年内蒙古自治区人民政府正式命名为内蒙古细毛羊。内蒙古细毛羊毛的品质良好、产肉性能高、遗传性稳定，在终年大群放牧条件下，具有很好的适应性，成年羯羊胴体重 40kg，净肉重 34kg，脂肪分布均匀适度，呈大理石状。

内蒙古细毛羊（公）　　　　　　内蒙古细毛羊（母）

（一）体型外貌

内蒙古细毛羊耐粗饲，抗寒耐热、抗灾、抗病能力强。冬季刨雪采食牧草，夏季抓膘复壮快。公羊有螺旋形角，颈部有 1～2 个完全或不完全的皱褶；母羊无角或有小角，颈部有裙形皱褶。头大小适中，背腰平直，胸宽深，体躯长。被毛闭合良好，头毛长到两眼连线或稍下，体毛前肢至腕关节、后肢至飞节。

（二）生产性能

内蒙古细毛羊个体大，生产能力强，遗传性能稳定、体质结实、结构匀称。内蒙古细毛羊成年公羊体重 82kg 左右、剪毛量约 11.0kg；成年母羊体重 46kg 左右、剪毛量约 5.5kg。净毛率为 38%～50%。成年公羊毛长度平均为 10cm 以上，母羊为 8.5cm。

羊毛细度 60~70 支，其中以 64 支、66 支为主。1.5 岁羯羊屠宰前平均体重为 50kg，屠宰率为 44.9%；成年羯羊屠宰前平均体重为 80kg，屠宰率为 48.4%。内蒙古细毛羊产羔以单羔居多，产双羔的概率在 10% 左右，在冬、春季适当补饲和正常年景的条件下，幼畜保育率达 95% 以上。

三、内蒙古半细毛羊

内蒙古半细毛羊主要分布在内蒙古自治区中部，中心区为达茂联合旗、四子王旗、察右中旗、察右后旗和武川县等地。内蒙古半细毛羊是根据内蒙古自治区家畜改良方向区域规划和育种地区的自然特点、在同质细毛和半细毛杂种母羊的基础上，引用茨盖羊、林肯羊、罗姆尼羊进行杂交，经过精心培育而形成的半细毛羊品种，整个育种过程分为杂交改良、横交固定和选育提高 3 个阶段。内蒙古半细毛羊对当地的生态环境有很好的适应性，所以应视为当地的宝贵品种资源进行纯种繁育，或引进外来品种进行杂交，以提高品种质量。也可作为杂交亲本，进行羊肉等商品性生产。

内蒙古半细毛羊（公）

内蒙古半细毛羊（母）

（一）体型外貌

内蒙古半细毛羊体质结实，结构匀称，胸宽深，背平直，肋骨开张良好，尻宽平。体躯呈圆筒形，四肢端正，坚实有力。皮肤厚而紧密，无皱褶，头毛着生至两眼连线，肢毛达腕关节和飞节。公羊无角或有角，母羊无角。被毛纯白，为松散状毛丛或毛辫结构。部分羊只眼缘、鼻端、唇、耳及四肢管部下端有色斑或零星点状花斑。被毛密度中等，由无髓毛和两型毛组成，细度均匀，以56~58支为主，油汗呈白色或乳白色，含量适中，分布均匀，具有正常弯曲或浅弯曲，腹毛着生良好。

（二）生产性能

内蒙古半细毛羊属于毛肉兼用型羊，剪毛后平均体重成年公羊为62.6kg、剪毛量为6.2kg、平均毛长度为10.55cm；成年母羊体重为40.9kg、剪毛量为3.3kg、平均毛长度为8.93cm；育成公羊体重为43.4kg、剪毛量为10.9kg、平均毛长度为10.92cm；育成母羊体重为30.2kg、剪毛量为2.9kg、平均毛长度为9.23cm。净毛率达50%~55%。产肉性能良好，成年羯羊屠宰率为47.45%，育成羯羊屠宰率为49.8%，8月龄羯羊屠宰率为51.3%。经产母羊繁殖率为110%。

四、湖羊

湖羊在太湖平原地区饲养已有800多年的历史。由于受到太湖的自然条件和人为选择的影响，逐渐育成独特的一个稀有品种，产区在浙江、江苏间的太湖流域，所以称为"湖羊"。湖羊为蒙古羊的后代，我国著名绵羊品种。湖羊耐湿耐热、繁殖力强、配种不受季节限制，生产的羔皮为世界上四大名贵羔皮之一。

（一）体型外貌

湖羊体格中等，具有短脂尾型特征，公、母均无角，头狭长，鼻梁隆起，多数耳大下垂，颈细长，体躯狭长，背腰平直，腹微下垂，尾扁圆，尾尖上翘，四肢偏细而高。被毛全白，腹毛

湖羊（公）　　　　　　　　　　湖羊（母）

粗、稀而短，体质结实。

（二）生产性能

湖羊终年繁殖。小母羊 4～5 月龄性成熟，可两年产 3 胎或一年产 2 胎，每胎一般为双羔，经产母羊平均产羔率 220% 以上。湖羊泌乳量多，羔羊生长迅速。成年羊每年春、秋剪毛两次。公羊产毛 2kg，成年母羊产毛 1.2kg，被毛中干死毛较少，平均细度 44 支，净毛率 60% 以上，适宜织地毯和粗呢绒。羔羊生后 1～2 天内宰杀剥制、加工的羔皮（小湖羊皮）质量最优，毛纤维束弯曲呈水波纹花案，弹性强，洁白美观，是制作皮衣的优质原料，誉为"软宝石"而驰名中外。

五、乌珠穆沁羊

乌珠穆沁羊产于内蒙古自治区锡林郭勒盟东部的乌珠穆沁草原，产区处于蒙古高原大兴安岭西麓，气候较寒冷，年平均气温为 0～1.4℃。乌珠穆沁羊游走采食，抓膘能力强，大群放牧日可行 15～20km，边走边吃，雪天羊只善于扒雪吃草。乌珠穆沁羊不但具有适应性强、适于天然草场四季大群放牧饲养、肉脂产量高的特点，而且具有生长发育快、成熟早、肉质细嫩等优点，是一个有发展前途的肉脂兼用粗毛羊品种，适用于肥羔生产。

乌珠穆沁羊（公）   乌珠穆沁羊（母）

（一）体型外貌

乌珠穆沁羊体质结实，体格较大。头大小中等，额稍宽，鼻梁微凸，公羊有角或无角，母羊多无角。颈中等长，体躯宽而深，胸围较大，不同性别和年龄羊的体躯指数都在130%以上，背腰宽平，体躯较长，后躯发育良好，肉用体型比较明显。四肢粗壮，尾肥大，尾宽稍大于尾长，尾中部有一纵沟，稍向上弯曲。毛色以黑头羊居多，头或颈部黑色者约占62.0%，全身白色者占10.0%左右。

（二）生产性能

乌珠穆沁羊的饲养管理极为粗放，终年放牧，几乎不用补饲，只是在雪大不能放牧时稍加补草。乌珠穆沁羊生长发育较快，2.5~3月龄公、母羔羊平均体重能达到29.5和24.9kg；6个月龄的公、母羔体重平均达到40和36kg，成年公羊体重60~70kg，成年母羊体重56~62kg，平均胴体重17.90kg，屠宰率50%，平均净肉重11.80kg，净肉率为33%；乌珠穆沁羊肉水分含量低，富含钙、铁、磷等矿物质，肌原纤维和肌纤维间脂肪沉淀充分。产羔率仅为100%。乌珠穆沁羊一年剪毛两次，成年公羊平均产毛为1.9kg，成年母羊平均产毛1.4kg。毛被属异质毛，由绒毛、两型毛、粗毛及死毛组成。乌珠穆沁羊的毛皮可用作制裘，当年羊产的皮质量最佳，其毛皮毛股柔软，具有螺旋形环状卷曲。初生和幼龄羔羊的毛皮相当，也是制裘的好原料。

乌珠穆沁羊具有增膘快、蓄积脂肪能力强、产肉率高、性成熟早等特性，适于利用牧草生长旺期，开展放牧育肥或进行有计划的肥羔生产。同时，乌珠穆沁羊也是做纯种繁育胚胎移植的良好受体羊，后代羔羊体质结实、抗病能力强、适应性较好。

六、阿勒泰羊

阿勒泰羊主要产于新疆北部的福海、富蕴、青河等 7 个县。阿勒泰羊的形成与当地民族的辛勤培育和生态环境条件的长期作用密切相关。这些地方羊群基本上以四季长途转移放牧、自群繁育为主，至今阿勒泰地区绵羊仍保持着哈萨克羊的典型特征。由于当地生态环境条件显著特点是冬季严寒而漫长，四季牧场牧草供应的营养极不平衡。羊只在夏季凉爽、牧草丰茂时，能在尾部蓄积大量脂肪，供天寒草枯、牧草营养不足需要时，维持机体新陈代谢时用。从而使阿勒泰地区繁育的绵羊有别于其他地区的哈萨克羊而成为一个独特的地方良种。

阿勒泰羊（公）

阿勒泰羊（母）

（一）体型外貌

阿勒泰羊属于肉脂兼用的粗毛羊，其体格大，体质结实。公羊具有大的螺旋形角，母羊中约2/3有角。公羊鼻梁深，鬐甲平宽，背平直，肌肉发育良好。四肢高而结实，股部肌肉丰满，在尾椎周围沉积大量脂肪而形成"臀脂"，下缘正中有一浅沟将其分成对称的两半。母羊乳房大，发育良好。毛色主要为棕褐色，部分个体为花色，纯白、纯黑者少。

（二）生产性能

阿勒泰羊平均4个月龄公羔体重为38.9kg，母羔为36.7kg；1.5岁公羊为70kg，母羊为55kg；成年公羊平均体重为92.98kg，母羊为67.56kg。成年羯羊的屠宰率52.88%，胴体重平均为39.5kg，脂臀占胴体重的17.97%。产羔率110.3%，产羔率较低，一般以一年一胎或两年三胎，但阿勒泰羔羊具有良好的早熟性，生长发育快，适于肥羔生产。阿勒泰羊在春季和秋季各剪毛一次，羔羊则在当年秋季剪一次毛。剪毛量成年公羊平均为2kg，母羊为1.5kg，当年生羔羊为0.4kg。阿勒泰羊毛质较差，羊毛主要用于擀毡。

七、滩羊

滩羊系蒙古羊的一个分支，中国裘皮用绵羊品种，以所产二毛皮著名。二毛皮为生后30天左右宰剥的羔皮，毛股长7cm以上，有5~7个弯曲和美丽的花穗，呈玉白色，光泽悦目、轻暖、结实，是名贵的裘皮原料。滩羊属于名贵裘皮用绵羊品种，主要分布在宁夏回族自治区中部地区、内蒙古以及甘肃、陕西毗邻的地区，适合于干旱、荒漠化草原放牧饲养。

（一）体型外貌

滩羊体格中等，体质结实。全身各部位结合良好，鼻梁稍隆起，耳有大、中、小3种，公羊角呈螺旋形向外伸展，母羊一般无角或有小角。背腰平直，胸较深。四肢端正，蹄质结实。属脂尾羊，尾根部宽大，尾尖细呈三角形，下垂过飞节。体躯毛色纯

滩羊（公）

滩羊（母）

白，光泽悦目，多数头部有褐、黑、黄色斑块。毛被中有髓毛细长柔软，无髓毛含量适中，无干死毛，毛股明显，呈长毛辫状。

（二）生产性能

滩羊属短脂尾羊，公羊到 6～7 月龄、母羊到 7～8 月龄时已达到性成熟。最适繁殖年龄，公羊为 2.5～6 岁，母羊为 1.5～7 岁。滩羊为季节性发情，每年 7 月开始发情，8～9 月为发情旺季，发情周期为 17～18 天，发情持续期为 26～32 小时，妊娠期为 151～155 天，产羔率为 101%～103%。滩羊肉质细嫩，脂肪分布均匀。在放牧条件下，成年公羊和成年母羊的体重分别可达到 51.0～60.0kg 和 41～50kg，屠宰率分别为 45% 和 40%。二毛羔羊体重为 6～8kg，屠宰率为 50%。脂肪含量少，肉质细嫩可口。滩羊每年剪毛两次，公羊平均产毛 1.6～2.0kg，母羊 1.3～1.8kg，净毛率 60% 以上。毛的光泽和弹性好，尤以生产二毛裘皮而著称，是我国珍贵的裘皮羊品种。

八、同羊

陕西同羊是我国优良的绵羊品种之一，自古以来，以其被毛柔细、肉质细嫩、羔皮洁白、花穗美观，具有珍珠样弯曲，并有硕大的脂尾著称。

同羊（公）

同羊（母）

（一）体型外貌

同羊头大小中等，公羊较宽而短，母羊显秀而长，耳较大而薄，向下按斜，鼻梁微隆，公、母羊均无角，部分公羊有栗状角痕。颈较长而显薄，部分个体颈下有一对内垂；体躯略显前低后高，胸部较宽而深，肋骨纤细，拱张良好；背部，公羊微凹，母羊短直且较宽；腹部圆大；整个体躯连同较长的颈部与酒瓶近似。尾大如扇，有大量脂肪沉积，按其大小可分为长脂尾与短脂尾两个类型。按其形状，长脂尾又分为秤锤尾：尾肥厚，上窄下宽，呈秤锤形，尾有中沟，将尾分成左右两瓣，尾芯小，由尾底部上翘，嵌入尾中沟，或全无尾芯；莲花尾：外形轮廓与秤锤尾近似，尾芯较大，由尾底部上翘，嵌在尾中沟下 1/3 处，明显可见，外观似荷花蕾而得名。此外，在短脂尾类型中，又有半截尾和小圆尾两种尾形。前者尾上下宽窄一致，尾较短，底部较平，中沟明显；后者，较半截尾为小，有不明显的中沟或无中沟，尾芯或有或无。四肢细，长而直，蹄质结实，多为浅黄色。全身毛被纯白；躯体主要部位多由锥形毛丛所覆盖；腹部多数由刺毛覆盖；尾部外侧毛被与体躯主要部位大致相同，毛丛较短。

（二）生产性能

同羊性成熟比较早，母羊 5～6 月龄即可配种，公羊 8 月龄可配种。除酷热和严寒时期，基本为全年发情。怀孕期 145～150 天，平均产羔率 190% 以上。每年产 2 胎或 2 年产 3 胎。在冬、春季灌丛草场草生长状况不良、缺乏补饲的情况下，仍能正常妊娠和产羔。同羊属多胎高产类型，易饲养，生长快，肉质好，成年公羊体重 60～65kg，母羊体重 40～45kg，屠宰率可达到 50%。同羊每年剪毛 3 次（4、7、10 月），剪毛量，成年公羊平均为 1.40kg，成年母羊为 1.20kg。同羊被毛柔细，羔皮颜色洁白，具有珍珠样卷曲，所以号称珍珠皮。

第三节　我国的山羊品种

白山羊有很多品种，主要有：贵州白山羊、宜昌白山羊、陕西白山羊等很多品种，在这里介绍一下贵州白山羊。

一、贵州白山羊

贵州白山羊原产于黔东北乌江中下游的沿河、思南、务川等县，分布在贵州遵义、铜仁两地，黔东南苗族侗族自治州、黔南布依族苗族自治州也有分布。公母羊均有角，颌下有须，公羊颈部有卷毛，少数母羊颈下有一对肉垂。该品种具有产肉性能好、繁殖力强、板皮质量好等特性。贵州白山羊肉质细嫩，肌肉间有脂肪分布，板皮拉力强而柔软，纤维致密。

（一）体型外貌

贵州白山羊是贵州省优良的地方肉用山羊品种。白色短毛，体型中等，大部分有角，角向同侧后上外扭曲生长；有须，腿较短，背宽平，体躯较长，后躯发育良好。头宽额平，颈部较圆，部分母羊颈下有一对肉垂，胸深，背宽平，体躯呈圆筒状，体长，四肢较短。毛被以白色为主，另有麻、黑、花色，毛被较短。少数羊鼻、脸、耳部皮肤上有灰褐色斑点。

贵州白山羊（公）   贵州白山羊（母）

（二）生产性能

贵州白山羊3月龄公羔平均体重为8.1kg，3月龄母羔平均体重为7.5kg；成年公羊体重平均为32.8kg，成年母羊平均体重为30.8kg。贵州白山羊性成熟早，母羊初情期在3~4月龄，发情周期为17~20天，发情持续期为2天，5个月龄就可以配种。公羊1岁后阉割肥育，故产区很少见到饲养大公羊。贵州白山羊常年产羔，1~3月产羔占全年的一半。母羊产后45天即可发情配种，每年产两胎。从1~7胎（4岁左右）产羔率逐渐上升，平均产羔率为273%，年繁殖存活率平均为243%。该品种肉质细嫩，肌肉间有脂肪分布，膻味轻。一般在秋、冬两季屠宰。成年羯羊体重平均为47.5kg，胴体重平均为23.2kg，净肉重平均为19kg，屠宰率平均为48.8%，净肉率平均为40%；1岁羯羊体重平均为24.2kg，胴体重平均为11.4kg，净肉重平均为8.8kg，屠宰率平均为47%，净肉率平均为36.3%。

二、亚洲黄羊

亚洲黄羊（又名南江黄羊）原产中国四川省南江县，后又引种到山东省鲁西南部分地区，经我国畜牧科技人员应用现代家畜遗传育种学原理，采用多品种复杂杂交方法人工选择培育而成的我国第一个肉用山羊新品种。亚洲黄羊是以纽宾奶山羊、成都麻羊、金堂黑山羊为父本，南江县本地山羊为母本，采用复杂杂交方法培育而成的。目前在我国山羊品种中是产肉性能较好的品种群。

亚洲黄羊（公）

亚洲黄羊（母）

（一）体型外貌

亚洲黄羊大多数公母都有角，头型较大，颈部较粗，体格高大，背腰平直，后躯丰满，体躯近似圆筒形。被毛呈黄褐色，面部多呈黑色，鼻梁两侧有一条浅黄色条纹，从头顶部至尾根沿背脊有一条宽窄不等的黑色毛带，前胸、颈、肩和四肢上端着生黑而长的粗毛。

（二）生产性能

亚洲黄羊体格高大，生长发育快；成年体重公羊、母羊最高可达80kg和65kg，成年羯羊可达100kg以上。亚洲黄羊性成熟早：2月龄即有性行为表现，3月龄可出现初情；4月龄可配种受孕，最佳初配年龄为母羊 8 ~ 12 月龄，公羊 12 ~ 18 月龄。经产母羊群平均年产1.82胎，胎平均产羔率为205.4%，群体繁殖成活率达90.18%；亚洲黄羊产肉性能好，胆固醇含量低，蛋白质含量高，口感好：成年羯羊6、8、10、12月龄胴体重分别为8.83kg、10.78kg、11.38kg和15.55kg；屠宰率分别为43.98%、47.63%、47.70%和52.71%；成年羯羊屠宰率为55.65%，而且具有早期（哺乳阶段）屠宰利用的特点，最佳适宜屠宰期 8～10 月龄，肉质鲜嫩，营养丰富，含有人体必需的 17 种氨基酸、无膻味，是亚洲黄羊特有的产肉特征。

三、马头山羊

马头山羊是湖南省石门县人民经过长期选育而成的一个大型肉用山羊品种，主产于湖北省十堰、恩施等地区和湖南省常德、黔阳等地区。因头无角，似马头，所以称为马头山羊。马头山羊是湖北省、湖南省肉皮兼用的地方优良品种之一，也是国内山羊地方品种中生长速度较快、体型较大、肉用性能最好的品种之一。

马头山羊（公）

马头山羊（母）

（一）体型外貌

马头山羊公、母羊均无角，头形似马，性情迟钝，俗称"懒羊"。公羊 4 月龄后额顶部长出长毛（雄性特征），并渐伸长，可遮至眼眶上缘，长久不脱，去势一月后就全部脱光，不再复生。马头山羊体型呈长方形，结构匀称，骨骼坚实，背腰平直，肋骨开张良好，臀部宽大，稍倾斜，尾短而上翘。四肢坚实有力，行走时步态如马，频频点头。马头山羊皮厚而松软，毛稀无绒，毛被白色为主，有少量黑色和麻色。按毛的长短可分为长毛型和短毛型两种类型。

（二）生产性能

马头山羊在主产区粗放饲养条件下，公羔 3 月龄体重可达 12.96kg，母羔可达 12.82kg，6 月龄阉羊体重可达 26.6kg，屠宰率 48.9%，周岁阉羊体重可达 36.45kg，屠宰率 55.9%。其肌肉发达，肌肉纤维细致，肉色鲜红，膻味较轻，肉质鲜嫩。早期肥育效果好，可生产肥羔肉。马头山羊性成熟早，四季发情，在南方以春秋冬季配种较多。母羔 3~5 月龄、公羔 4~6 月龄达性成熟，一般在 8~10 月龄配种，怀孕期为 140~154 天，哺乳期 2~3 个月，1 年产 2 胎或 2 年产 3 胎。由于各地生态环境的差异和饲养水平的不同，产羔率差异较大。根据湖南省调查资料，在正常年景产羔率为 182% 左右，每胎产羔 1~4 只。多数初产母羊都产单羔，经产母羊多产双羔或多羔。

第三章 羊的生物学特性、行为特点及生长规律

羊属于草食动物，不论放牧在天然牧场上还是圈养在家中，都以吃粗饲料为主，其个体活动都有一定的规律性。所以在饲养管理中要了解羊群在干什么？羊的举动是否正常？其生理特点如何？只有掌握了羊的生物学特性、行为特点，才能为羊群提供各种所需的条件和必备的设施，以便达到理想的经济效益。

第一节 羊的消化系统结构及利用特点

羊和牛一样，属于反刍动物，它的消化系统主要包括口腔、唾液腺、食管、复胃、小肠、大肠。

一、羊的消化系统结构

（一）口腔

羊没有上切齿和犬齿，采食的时候，依靠上颌的坚韧肉质齿板和下颌的切齿，以及唇、舌的协助下完成。羊的口腔有5个成对的腺体和3个单一腺体。前者包括腮腺、颌下腺、臼齿腺、舌下腺和颊腺；后者包括腭腺、咽腺和唇腺。唾液就是指以上各腺体所分泌液体的混合物。唾液对羊有着特殊重要的生理消化作用。

（二）食道

食道指连接口腔和胃之间的管道，由横纹肌组成。

（三）胃

羊是复胃动物，羊的胃可区分为四个胃室，由瘤胃、网胃、瓣胃和皱胃组成。前3个胃室胃壁黏膜无腺体，统称为前胃。皱胃胃壁黏膜有腺体，功能与单胃动物的胃相似，故又称之为真胃。羊胃的容量较大，山羊约为16L，绵羊约为30L。瘤胃的容量最大，约占胃总容积的80%。

（四）肠道

羊的肠道由小肠和大肠构成。羊的小肠细长曲折，长约25m。小肠的功能是再消化和营养吸收。经胃消化过的食糜进入小肠后，在各种消化酶的作用下被消化分解，消化分解后的营养物质在小肠内被吸收，未被消化吸收的食糜随小肠的蠕动被推入大肠。

羊的大肠比小肠粗，长约8.5m。大肠的主要功能是吸收水分和形成粪便。食糜进入大肠后，在大肠微生物和由小肠带入的各种消化酶作用下，继续消化吸收，余下部分排出体外。

二、羊的消化系统特点

羊是家畜中对粗纤维消化能力最高的动物，这是羊的消化生理特点所决定的。

（一）瘤胃的结构特点

羊是反刍动物，有4个胃。第一胃叫瘤胃，在腹腔两侧，容积约23.4L，占整个胃容量的80%；第二胃叫网胃，又叫蜂巢胃，内壁如蜂巢状，其容积为2.0L，占整个胃容量的7%；第三胃叫重瓣胃，又叫瓣胃，其内壁有纵列的褶膜，容积为0.9L，对食物进行压榨作用。第四胃叫皱胃，能分泌消化酶，饲料在消化酶作用下进行化学性消化，因此皱胃又叫真胃，其容积约3.3L。前三胃没有腺体，统称前胃。瘤胃容积大，能保证在较短时间内采食大量饲料。羊一次采食大量饲料后，进入瘤胃后经过浸泡、软化、混合后在瘤胃微生物的作用下进行生物学消化。在休息时再反刍，经反刍过的稀、细食物进入网胃，到达瓣胃，而后进入真胃。饲料在真胃中胃液的作用下进行化学性消化。

(二) 瘤胃的消化特性

瘤胃不但是羊采食大量饲料的"贮藏库"，而且存在多种微生物，对羊有营养作用。瘤胃微生物包括细菌和原虫，起主要作用的是细菌。1mL 瘤胃液中含细菌 5 亿~8 亿个，原虫 20 万~400 万个。瘤胃的环境对微生物的繁殖非常有利。瘤胃内温度 40℃左右，pH 值在 6~8。微生物与羊共生，彼此有利。

微生物对羊的营养作用首先表现在对粗纤维的消化上，羊能消化粗纤维，而羊本身不能产生水解粗纤维的酶，而是在微生物产生的纤维水解酶的作用下，把粗饲料中的粗纤维分解成容易消化吸收的碳水化合物，然后被羊体利用，这就成为羊体的主要能量来源。其次，通过微生物的作用，可以把低质量的植物蛋白合成高质量、更符合羊营养生理需要的菌体蛋白。菌体蛋白进入小肠后，被消化吸收，构成羊体蛋白。据试验由瘤胃转移到真胃的蛋白质约 82% 属于细菌蛋白质。此外，通过微生物还可以合成维生素 B_1、维生素 B_2、维生素 B_{12} 和维生素 K，因而羊的饲料中不用另外添加这几种维生素，其合成数量足以保证羊体的健康、生长发育及生产所需。

瘤胃的发酵类型对羊来说有特殊的地位。丙酸发酵不产生甲烷，可以为羊提供较多的有效能量，提高饲料利用率。所以要尽量提高瘤胃丙酸比例，通过增加谷物类精料、粗料的破碎、压粒、日粮中添加瘤胃素等，就可调节瘤胃发酵，提高丙酸比例，向羊体供给更多的有效能，促进羊体生长。

(三) 肠道

1. 小肠

羊的小肠细而长，是羊的主要消化吸收器官。经过胃消化的食糜进入小肠内，在消化液中蛋白酶、转糖酶和脂肪酶等消化酶的作用下，将营养物质一部分分解为肠道可吸收的小分子物质，在肠道吸收利用，另一部分不能分解的物质在小肠的蠕动下被推进大肠。

2. 大肠

羊的大肠比小肠粗而短，仅有小肠长度的 1/10。大肠的主要功能是吸收水分和形成粪便。进入大肠的食糜在微生物和由小肠带入的各种消化酶的作用下，继续消化吸收，不能消化的部分形成粪便排出体外。

三、羔羊的消化特点

初生羔羊的消化功能与成年羊存在着很大的差别，因为初生羔羊的消化系统各器官发育不完全，所以羔羊的消化功能不全。羔羊在 2 月龄之内，瘤胃里的微生物区系没有形成，也没有消化粗纤维的能力，不能采食和利用饲草料，15 日龄前主要依靠母乳提供的营养物质维持生活。随着羔羊日龄增长，前三胃的体积逐渐增大，同时瘤胃中的微生物区系也开始逐渐形成，真胃凝乳酶的分泌逐渐减少，其他消化酶分泌增多，对饲草、饲料的消化分解能力渐渐加强。

第二节 羊的生活习性和行为特点

羊作为一种家庭饲养的动物，不论是在大群放牧，还是舍饲情况下，其群体或个体活动都有一定的规律性。因此每个饲养管理者必须了解和掌握羊的生活习性，以便为羊群提供最适合其生产、生活所需的各种条件，达到最高经济效益的目标。

一、群居性

羊是一种群居性很强的动物，这是在长期进化过程中为适应生存和繁衍而形成的一种生物学特性。当羊群受到侵扰时，互相依靠和拥挤在一起，驱赶时，有跟"头羊"的行为和发出保持联系的叫声。由于群居行为强，羊群间距离近时，容易混群。不同羊品种群居行为的强弱不同，粗毛羊品种最强，毛用品种比毛肉兼用品种要强。

二、喜干厌湿

羊喜欢在干燥、凉爽的环境下生活，因此在羊场选址上要注意避开低洼、潮湿的地方，放牧地也以高燥为宜。在干燥、凉爽的环境下，羊的抗病力比在低洼、潮湿的地方强，更不易患寄生虫病、腐蹄病和各类传染病。羊喜欢干净，无论是饲草、饲料还是水，都要保持干净，否则影响其采食和饮水，圈舍也要干净，比如每次饲养员将圈舍清扫干净后，尤其小羊都喜欢在圈舍内互相追赶、撒欢。

三、适应性强

羊也是一种适应性很强的动物。其饲草饲料范围广、抗寒耐热。山羊在气温高达 37℃ 以上时，仍能继续采食；绵羊的耐寒优于山羊，当草、料充足时，在 -30℃ 的环境中仍能放牧和生存。羊对恶劣环境条件的耐受力比其他家畜强，羊上嘴唇有裂隙，下腭有切齿，能啃食接触地面的短草，利用许多其他家畜不能利用的饲草饲料，如多种牧草、灌木、农副产品以及禾谷类籽实等均能利用。试验证明羊可以采食植物种类 80% 的植物，对粗纤维的利用率可达 50% ~ 80%。并且可仅依靠粗劣的干草、秸秆、树木、树枝和树皮等维持生命，最长达 30 天以上。

四、抗病力强

羊的抗病力较强，在环境条件适宜的情况下，只要定期做好羊的防疫和驱虫、给足草料和饮水、满足其营养需要羊是很少生病的。因此，羊场疾病要以预防为主，治疗为辅，所以羊场的防疫、消毒工作是尤为重要的。

五、易受惊吓

在各种家畜中，绵羊是胆最小的一种，自卫能力比较差。如果突然受惊吓就容易"炸群"，绵羊一旦受惊就不易上膘，同时也不好管理，因此饲养人员平常对羊要温和，不应高声吆喝、鞭打。

六、母性强

羊母性强且嗅觉灵敏，母羊主要凭嗅觉鉴别自己的羔羊，视觉和听觉起辅助作用。分娩后，母羊会舔干羔羊体表的羊水，并熟悉羔羊的气味。羔羊吮乳时母羊总要先嗅一嗅羔羊后躯部，以气味识别是否是自己的羔羊，并且通过叫声来保持母仔之间的联系。利用这一特点，寄养羔羊时，只要在被寄养的羔羊身上涂抹保姆羊的羊水，寄养多会成功。每个羊有其自身的气味，每群羊有其群体气味，一旦两群羊混群，羊可由气味辨别出是否是同群的羊。

第三节　羊的生长发育规律

羊的育肥，就是利用羊自身的生长发育规律，通过相应的饲养管理措施，使羊体内肌肉和脂肪的总量增加，并使羊肉的品质得到改善，从而获取较好的经济效益。因此，只有了解羊的生长发育规律，才能利用它，合理地组织肉羊生产。在生产上一般以初生重、断奶重、屠宰活体重以及平均日增重反映羊的体重增长及发育状况。体重增长受遗传基因和饲养管理两方面因素的影响，增重为高遗传力性状，是选种的主要指标之一。

一、肉羊生产期的界定

一般来说，我们按羊的生长发育特点把羊划分为胎儿期、哺乳期、幼年期、青年期和成年期等5个时期。

（一）胎儿期

胎儿期指母羊从怀孕到产仔这一阶段。在母羊妊娠初期（怀孕前2个月），胎儿生长缓慢，以后逐渐加快。维持生命活动的重要器官如头部、四肢等发育较早，而肌肉、脂肪发育在胎儿后期。羔羊的初生重与断奶重呈正相关，因此，在妊娠后期应供给母羊充足的营养。

（二）哺乳期

哺乳期指羔羊从出生到断奶这一阶段。羊的哺乳期体重占成年体重的28%左右，是一生中生长发育最快的阶段，也是定向培育的关键时期。此阶段增重的顺序是内脏→骨骼→肌肉→脂肪，体重随年龄增长而迅速增长。羊从初生重3.1kg左右，增长到断奶重9.6kg左右，相对增长率为532%。

（三）幼年期

幼年期指羔羊由断奶到性成熟这段时期。幼年期羔羊由依赖母乳过渡到食用饲料，采食量不断增加，消化能力大大加强，骨骼和肌肉迅速增长，各组织器官也相应增大，绝对增重逐渐上升，是生产肥羔的最有利时期。羊幼年期体重占成年体重的70%左右，这一阶段性发育已趋于成熟，但仍是羊增重最快的阶段。在营养条件满足的情况下，日增重为180g左右。增重的顺序为生殖系统→内脏→肌肉→骨骼→脂肪。

（四）青年期

青年期指羊从性成熟到生理成熟（发育成熟或体成熟）的这段时期。这时羊的各组织器官结构和机能逐渐完善。对于肉羊而言，这一时期往往也是有效的经济利用时期，其体重大约占成年羊体重的 85%。这个时期，羊的绝对增重达到高峰，以后增重缓慢。增重的顺序是肌肉→脂肪→骨骼→生殖器官→内脏。

（五）成年期

羊到成年期体型已定，生理机能已完全成熟，生产性能已达最高峰，能量代谢水平稳定，在饲料丰足的条件下，能迅速沉积脂肪。

二、羊的组织器官生长规律

羊的生长发育具有明显的阶段性。各阶段的长短因品种而异，且可通过一定的饲养管理条件加快或延迟。另外，大量的研究表明：羊的肌肉、脂肪、骨骼等组织器官以及外形在各生理阶段的生长发育不是等比例的，即生长发育的各生理阶段具有不平衡性。

（一）体组织的生长规律

1. 骨骼生长规律

羊在出生后体型及各部位的比例都会发生很大的变化。这种变化主要是由躯体各部位骨骼的生长变化而引起的。羊在胚胎期，生长速度最快的骨骼是四肢骨，主轴骨生长较慢；出生以后则相反，主轴骨生长加快，四肢骨生长缓慢。就体躯部位而言，出生前头和四肢发育快，躯干较短而浅，腿部发育差；出生后首先是体高和体长增加，其后是深度和宽度增加，二者有规律地更替。刚出生的羔羊骨骼已经能够负担整个体重，四肢的相对长度高于成年羊，以保证随母羊哺乳。

2. 肌肉的生长规律

肌肉的生长主要是肌纤维体积增大、增粗，因此随羔羊年龄增长，肉质的纹理变粗、肌纤维增长。初生羔羊肌肉生长速度快于骨骼，体重相对增加较快。

3. 脂肪的沉积规律

脂肪在羊体生长过程中的作用主要是保护关节的润滑、保护神经和血管及贮存能量。从羔羊初生到 12 月龄，脂肪沉积缓慢，但仍稍快于骨骼，以后逐渐加快。其中，肠系膜脂肪和腹部脂肪首先沉积，其次是皮下，最后沉积肌肉间脂和肌内脂肪，使肉质变嫩，并呈现出一定的风味。

（二）组织器官的生长规律

羊的组织器官生长发育也具有不均衡性，不同组织器官的生长速度是不相同的。皮肤和肌肉无论在胚胎期还是出生后期，生长强度都占优势，脂肪在生长后期才加快生长。脂肪沉积的部位也随年龄不同而有区别，一般先贮存在内脏器官附近，其次是在肌肉间，继而在皮下，最后贮积于肌肉纤维中，形成肌肉大理石纹。

各器官生长发育的迟早和快慢，主要决定于该器官的来源和形成时间。在个体发育中出现较早而结束较晚的器官，其生长发育比较缓慢，如脑和神经系统；相反，凡出现较晚的器官，它们生长发育则较快，结束也较早，如生殖器官。

三、羊的补偿生长发育规律

羊如果遭受长时间的营养限制后，解除营养限制，饲喂营养丰富的饲料，羊的生长速度要比未遭受营养限制的同龄或同体重的羊快，此现象称为补偿生长。在生产实践中，营养限制有两种情况：一是由于客观条件所限，如冬季饲草、饲料不足及长期缺乏优质饲草，而引起的营养限制；二是在条件许可的育肥场，在羔羊阶段进行限制性生长，以降低饲养成本，并在以后获得补偿生长。但是，值得注意的是，羊只在生命早期（如胎儿期、哺乳期）遭受营养限制后，则难以进行补偿生长。

四、不同阶段羊体组织化学组成的变化

羊体组织的常规化学成分主要有水、蛋白质、脂肪等物质。各成分的相对含量与羊的生长阶段、肥育程度有关。羔羊比老龄羊含水量高、含脂肪量少；较肥的羊脂肪含量高，蛋白质和水分含量相对较低，肌肉中也含有水分、蛋白质和脂肪，但脂肪含量较低。肌肉中脂肪的含量与皮下脂肪、肠系膜脂肪和腹脂含量呈正比。

第四章　规模化羊场羊舍的建设

羊舍是养羊业生产的主要基础建筑设施，而且规模化养羊场羊舍建设的前提：要有一定的发展资金，要考虑当地的自然条件是否适合发展规模养羊，市场前景如何。肯定答案后，就应该考虑羊舍的建设问题。

第一节　羊场场址的选择

合理科学地选择场址，对羊场的健康发展、羊的生产性能有效发挥、降低饲养成本、提高经济效益等有着非常重要的作用，是羊场安全高效生产的前提条件。

一、干燥通风

冬暖夏凉的环境是羊只最适宜的生活环境。因此羊场应选择在地势较高、地下水位低、排水良好、通风干燥、以坐北朝南或坐西北朝东南方向的斜坡地为好。切忌在洼涝地、潮湿风口等地建羊场。一般羊场建设布局如图4-1所示。

二、水源供应充足

羊场附近有优良的放牧地最好，并有丰富无污染的水源。上游地区无严重排污厂，无寄生虫污染危害区。以舍饲为主时，水源以自来水为最好，其次是井水。舍饲羊日需水量大于放牧，夏秋季大于冬春季。不能让羊饮用池塘或洼地的死水。

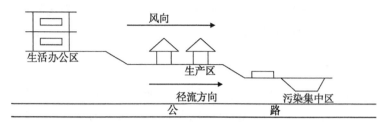

图 4-1 一般羊场建设布局

三、交通便利

选址要考虑交通运输方便，但羊场距交通要道应不少于500m，同时尽量避开附近其他饲养场的转场通道，便于疫病的预防和封锁。选择有天然屏障的地方建栏舍最好，如树林、高山、河流等，使外人和牲畜不易经过。

四、能保证防疫安全

羊场要远离居民区、闹市区、学校、交通干线等，便于防疫隔离，以免发生传染病。羊场距居民点应该在300m以上，距其他养殖场应该在500m以上，距离屠宰场、化工厂等污染严重的地点至少在2000m以上。场内兽医室、病畜隔离室、贮粪池、尸坑等应位于羊舍的下风方向，距离500m以外。各圈舍间应有一定的隔离距离。

第二节 规模羊场的规划与布局

一般规模化羊场都要求具备一定的基础设施，设施的水平与羊场的规模、大小及生产性质有关。目前，一般规模化羊场的主要建筑包括：羊舍、运动场、饲料加工间、饲料库房、青贮池、兽医室、防疫消毒设施、动物无害化处理及粪便无害化处理设施、行政管理区和生活区等。

一、羊舍

羊舍是供羊休息、生活的地方。不同生产方向所需羊舍的面积不同，不同生产方向的羊群以及处于不同生长发育阶段的羊只，所需要的羊舍面积也是不相同的。羊舍分种公羊舍、母羊舍、育成羊舍和育肥羊舍等几种形式。羊舍条件的好坏直接影响着羊群的健康、繁殖、生长发育。因此，发展肉羊生产，必须科学地规划和布局。

（一）羊舍的类型及式样

羊舍的功能主要是为了保暖、遮风避雨和便于羊群的管理。适用于规模化饲养的羊舍，除了具备相同的基本功能外，还应该充分考虑不同生产类型绵羊、山羊的特殊生理需要，尽可能保证羊群能有较好的生活环境。我国的养羊业分布区域广，生态环境条件及生产方式存在很大差异，羊舍主要分为以下几种类型。

1. 长方形羊舍

长方形羊舍是中国养羊业采用较为广泛的一种羊舍形式。这种羊舍具有建筑方便、变化样式多、实用性强的特点。

2. 塑料大棚式羊舍

用塑料薄膜建造畜舍，提高舍内温度，可在一定程度上改善寒冷地区冬季养羊的生产条件，十分有利于发展适度规模专业化养羊生产，而且投资少，易于修建。

3. 羊舍内的设施

羊多以放牧为主，因此舍内设施较为简便。最基本的设施为：饲槽、草架、水槽、多用途活动栏圈和运动场。

饲槽、草架、水槽：用于冬、春季补饲精料和饲草之用。尽可能设计在羊舍内部，以防雨水和冰冻。食槽可用水泥、铁皮等材料建造，深度一般为15cm，不宜太深，底部应为圆弧形，四角也要用圆弧角，以便清洁打扫。水槽可用成品陶瓷水池或其他材料。

多用途围栏：羊舍内和运动场四周均设有围栏，其功能是将不同大小、不同性别和不同类型的羊相互隔开，有时用于临时分隔羊群及分离母羊与羔羊之用，特别是多胎的母羊，应单圈饲养，以免其他羔羊抢吃该母羊的奶水，有利于提高生产效率和便于科学管理。围栏高度1.5m较为合适，材料可以是木栅栏、铁丝网、钢管等。围栏必须有足够的强度和硬度。

运动场：运动场设在羊舍的外面，地面应低于羊舍地面，并向外稍有倾斜，便于排水和保持干燥。运动场的面积可根据舍内羊只的数量的多少而定，但一定要大于羊舍面积，以能够保证羊只的充分活动为原则。运动场周围要用墙围起来，周围栽上树，夏季要有遮阳、避雨的地方。

（二）饲料加工车间和饲料库

饲料加工车间设在羊舍附近，以便于运输。饲料库应尽可能靠近饲料加工车间，以便于饲料的装卸，青贮池应设在距饲料加工车间50m以内。

（三）青贮窖

青贮窖应选择地势高、干燥、地下水位低、土质坚实、离羊舍近的地方。青贮窖的建设有地上、地下和半地下三种，结构分为永久性和临时性青贮池，原则上地下青贮窖地下部分不超过3m，地上部分不超过1.5m，呈长方形，长度不等，底部为缓坡，便于机械压实和取草用。用青贮窖进行青贮时，设备成本低，容易制作，尤其适合北方农牧区；缺点是地势选择不好时窖中容易积水，导致青贮霉烂，开窖后需要尽快用完。目前大多数饲养场都建地上青贮窖，这种类型的青贮窖一般在雨季不易被水浸泡。青贮窖容积的大小依据羊场的规模大小而定。

（四）兽医室、病羊舍、贮粪场

羊场的兽医室应建在离羊舍较近的地方，以便于兽医进行防疫、治疗工作。病羊舍和贮粪场应设在羊舍下风向的地势低洼处，病羊舍建在羊舍下风向的偏僻处，要求与羊舍相距至少50m以上，以防止疫病的传播。兽医室需配备一定的医疗器具、药品，用于羊场的日常疾病治疗和兽医卫生监督。

（五）消毒防疫设施

消毒防疫设施包括：门口的消毒池、人员出入的消毒室、定期进行羊舍消毒的喷雾器、可移动的消毒车等。

（六）无害化处理设施

羊场对病死羊只和其他废弃物要进行无害化处理，因此羊场要具有无害化处理设备，处理手段可以深埋、焚烧，处理设备有灭菌锅、焚烧炉、填埋池等。

（七）药浴池

药浴池是用来给羊用药物洗澡的水池，通过药浴可以防止羊的体表寄生虫的生长，便于羊的正常生长和发育，规划布局见图4－2。

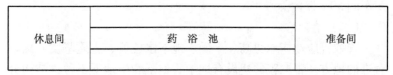

休息间	药 浴 池	准备间

图4－2　药浴池规划布局

二、行政管理区和生活区

行政管理区：一般包括经理办公室、财务室和技术管理人员办公室。职工生活区：通常包括职工宿舍、食堂。这两个区应设在场区的上风向，靠近羊场大门口处。并且办公区、生活区要与生产场区分开，以便于防疫和管理。

第三节　羊舍的建设要求

一、羊舍设计的基本要求

（一）羊舍设计时要尽量满足羊对各种环境卫生条件的要求

包括温度、湿度、光照、地面硬度等。羊舍的设计应兼顾既有利于夏季防暑，又有利于冬季防寒；既有利于保持地面干燥，又有利于保证地面柔软和保暖。

（二）羊舍设计应符合生产流程要求

设计时应当考虑的内容，包括羊群的结构、调整和周转，饲草料的运输、分发，饮水的供应及其卫生的保持，粪便的清理，以及称重、防疫、试情、配种、接羔与分娩母羊和新生羔羊的护理等。

（三）羊舍设计应符合卫生防疫需要

要有利于预防疾病的传播和减少疾病的发生。同时，在进行羊舍设计和建造时，还应考虑到兽医防疫措施的实施问题，如消毒设施的设置、有害物质的存放设施等。

（四）羊舍设计应结实牢固，造价低廉，尽量做到就地取材

羊舍及其内部的一切设施最好能一步到位，特别是像隔栏、圈门、饲槽、水槽等，一定要建得特别牢固，以便减少以后维修的麻烦和费用。

二、羊舍的建筑要求

（一）羊舍布局

羊舍要建在办公区、生活区的下风口，隔离区、贮粪场的上风口，舍饲的羊要有足够的运动场。目前，羊舍的建筑形式有舍饲式育肥舍、半舍饲育肥舍和简易育肥舍（露天式）3种。前两

种常应用于饲养水平较高的规模化肉羊养殖。后一种为资金储备少，或临时性短期育肥的一种方式，内设有料槽、运动场，夏天设遮阳棚，主要适用于放牧的肉羊养殖户。

（二）建筑面积

建筑面积要足，使羊可以自由活动。拥挤、潮湿、不通风的羊舍，有碍羊只的健康生长，同时在管理上也不方便。要注意建筑时每只羊最低占有面积：种公羊 $1.5 \sim 2.0m^2$、成年母羊 $0.8 \sim 1.6m^2$、怀孕或哺乳羊 $2.3 \sim 2.5m^2$。

（三）建筑材料

建筑材料的选择以经济耐用为原则，可以就地取材，石块、砖头、土坯、木材等均可。

（四）羊舍高度

羊舍的高度要根据羊舍类型和容纳羊只数量而定。羊只多需要较高的羊舍高度，使舍内空气新鲜，但不应过高，一般由地面至棚顶以 2.5m 左右为宜，潮湿地区可适当高些。

（五）门窗

合理设计门窗，羊进出舍门容易拥挤，如门太窄孕羊可能因受外力挤压而流产，所以门应适当宽一些，一般宽 3m、高 2m 为宜。要特别注意：门应朝外开。如饲养羊只少，体积也相应小的羊，舍门可建成 1.5 ~ 2m 比较合适。

（六）羊舍环境

羊舍内应有足够的光线，以保持舍内卫生，要求窗的面积占地面面积的 1/15，窗要向阳，距地面高 1.2m 以上，防止贼风直接袭击羊体。保持适宜的温度和通风，一般羊舍冬季保持 0℃ 以上即可，羔羊舍温度不低于 8℃，产房温度在 10 ~ 18℃ 比较适宜。

（七）地面

羊舍地面应高出舍外地面 20 ~ 30cm，铺成缓坡形，以利排水。羊舍地面以土、砖铺垫为宜。

三、羊舍的设计参数

在养羊场，无论是舍饲还是半舍饲的羊场，都要求公、母分圈，大小分管，强弱分养。有病羊要隔离饲养，新入场羊只要在隔离区饲养半月左右，确定没有疫病后再放入养殖区。除办公区、生活区、羊粪堆放处理区外，羊舍可建一排或若干排，但是排与排之间要有足够的间距。以养羊总数 200 只左右的小型规模养殖场为例，则应有种公羊舍、怀孕后期羊舍、产羔舍、带羔羊舍和青年羊舍，除基础母羊舍外，还应有育肥羊舍。一般基础羊舍占 3/4，其他羊舍占 1/4，建筑参数如下。

（一）羊舍面积

种公羊每只 1.5 ~ 2.0m²，怀孕前期母羊每只 1.0 ~ 1.6m²，哺乳期母羊每只 2.3 ~ 2.5m²，青年羊每只 0.5 ~ 0.6m²，羔羊每只 0.4 ~ 0.6m²，育肥羊每只 0.6 ~ 0.8m²。

（二）羊舍高度

双坡式前后墙高 2 ~ 2.2m，坡式前墙高 1.8 ~ 2.0m，后墙高 2.2 ~ 2.5m。

（三）羊舍的宽度与长度

宽度 5 ~ 6m，长度以羊数需要而定。门高 1.8 ~ 2m，宽 1 ~ 1.5m，怀孕后期、哺乳羊、大型种公羊舍门宽 1.5 ~ 2.0m。尽量设双扇门，便于车的进出及羊粪的清扫。窗高 0.6 ~ 0.8m，宽 1 ~ 1.2m，窗间距不超过窗宽的 2 倍。窗的采光面积宜相当于总面积的 1/20 ~ 1/10；前窗距地面高度 1 ~ 1.2m，后窗距地面高 1.4 ~ 1.5m。

（四）地面

通常称为畜床，是羊休息和生产的地方。一般以黏土砸实为宜，也可铺成石灰混土地面，但在冬季要有一定厚度的羊粪在上面，这样可以起到一定的保暖作用。舍内地面宜高出舍外 20～30cm，并略呈斜坡状，后高前低，利于积液排出。羊舍外的饲料室、兽医室、看护室等地面以水泥地面为宜。

（五）运动场

呈"一"字形排列的羊舍，运动场一般设在南面，低于羊舍地面，向外略有缓坡，以沙质地为宜。面积为羊舍面积的 1～1.2 倍。墙或围栏高：公羊 1.5m，母羊 1.2～1.3m，门宽 1～1.5m，高 1.5m。

（六）饲槽

饲槽用于舍饲或补饲用，有固定的水泥槽和移动木槽两种。要求建在羊床外沿过道处，高出羊床 30cm，宽 40cm，深 20～25cm，用砖砌，水泥砂浆抹面，适合于推车或平板车运料。食槽靠羊床的一边建 1～1.2m 高的栅栏（竹、木或钢筋亦可），间距 15cm 左右，让羊头可伸到食槽内采食。为防止有角羊卡住羊头，可在羊舍食槽空档处改成上宽 15cm，下宽 10cm 的斜形口。此外，可将食槽用铁皮制作成移动式，其参数可参照固定式。

（七）水槽

在每个羊栏内设一个自动饮水槽，建在靠东墙或西墙的一边，距地面高 30cm，口径 30～40cm 见方，底部有一管道与各水槽相连，室外建一水池高 50cm，30～40cm 见方，上有控水龙头，控制水位与室内水槽水位等高，当水位降低时，可以自动补水，随时保持有充足的水供羊群饮用。

（八）分羊栏

分羊栏供羊分群、防疫、测重、打号等生产用。分羊栏由许多栅板连结而成。可根据需要设置 3～4 个可以向两边开门的小圈，利用这一设备，就可以把羊分成所需要的小群。

（九）药浴池

为防治疥癣及其他体外寄生虫，每年要定期给羊做药浴。所以规模羊场应建有固定的药浴池，砖混结构，深度 1~1.2m，长5~10m，宽1m左右，宽度以一只羊可以通过且不能回过头来为宜。否则容易造成羊只调头，影响药浴顺利进行。药浴池两头分别要建羊只准备间和暂时休息间。

第五章 肉羊的繁育技术

羊的繁殖是指公母羊通过交配、精卵结合使母羊怀孕，最后分娩生产羔羊的过程。我国幅员辽阔，各地的自然条件和饲养管理条件千差万别，绵、山羊繁殖力又有区别。因此，了解和掌握繁殖规律，正确使用繁殖技术，使羊只发展整齐、排卵多、受胎率高、产羔多、成活率高，是养羊业十分重要的环节。如果这些环节出现问题，都会给生产者带来损失。

第一节 母羊的繁殖规律

羊的繁殖规律是在长期自然选择的过程中逐渐形成的。一般来说，羊的发情与季节有关，但不同品种、不同地区也存在着一些差异。而肉羊品种较毛用品种早熟，它的性成熟期多为 5～10 个月龄，但它初次有性反应并不意味着即可配种，因为它的身体发育还未完全成熟，即体成熟来得晚，所以，品种间初次配种年龄差异也很大。我国地方良种小尾寒羊，母羊一般在 5 月龄就有发情表现，但这时绝对不能配种，因为它身体的各个部位还没有发育成熟，交配后对母羊发育及胎儿生长都会有相当大的影响。那么到底什么时候配种最合适呢？据调查，如果饲养管理条件比较好，羊只生长发育和健康状况不错，配种时母羊体重达到成年母羊体重的 70% 以上时即可配种。

母羊发育到一定年龄时，开始表现发情和排卵，这种现象为母羊的初情期。那么母羊的发情有哪些征兆呢？羊的初情期通常为 5~10 月龄，舍饲母羊的初配年龄一般为 10~12 月龄，母羊在性成熟后，表现出具有周期性变化的生理现象和一些特有的发情表现。

1. 性欲

性欲是母羊愿意接受公羊交配的行为。母羊发情时，一般不抗拒公羊的接近和爬跨，或者主动接近公羊并接受公羊爬跨交配。排卵后，性欲减退，母羊则抗拒公羊接近和爬跨。

2. 性兴奋

母羊发情时，表现出兴奋不安，食欲下降。

3. 生殖道变化

发情时母羊的外阴充血肿大，阴道黏膜充血发红，有分泌物流出。

4. 卵泡发育和排卵

发情期羊的卵巢上有卵泡发育成熟，发育成熟后的卵泡破裂，排出卵子通过输卵管慢慢进入子宫。

在正常状态下，母羊发情周期通常为 16~18 天，发情持续时间为 20~50 小时，平均 30 小时。初次发情母羊往往表现不太明显，通常在母羊发情的早期，表现头下垂，耳郭稍平，头弯向后方看公羊。在发情的晚期，求偶要求明显，其行为表现愿意接近公羊，围绕公羊徘徊，主动接近公羊，用鼻子嗅拱，摇尾示意。公羊爬跨母羊，母羊站立不动。另外从外生殖器观察，母羊阴部红肿，并有黏液，老百姓称之为"吊线"。出现这种情况时，应抓住时机，及时配种。

公羊的性成熟期比母羊要晚 1~2 个月，公羊的初配年龄为 12~18 月龄。配种过早会影响公羊身体的正常生长发育，并且降低繁殖力。而小尾寒羊公羊体重应在 50kg 以上者才能配种。

第二节 羊的繁殖季节与配种方法

一、羊的繁殖季节

由于羊的发情表现受光照长短变化的影响，而光照长短变化是有季节性的，所以羊的繁殖也是有季节性规律的。母羊大量正常发情的季节，称为羊的繁殖季节。

（一）绵羊的繁殖季节

绵羊的发情表现受光照的制约，通常属于季节性繁殖配种的家畜。绵羊正常季节性发情开始于秋分，结束于春分。其繁殖季节一般是7月至翌年的1月，而发情最多最集中的时间是8～10月。繁殖季节还因是否有利于配种受胎及产羔、是否有利于羔羊生长发育等自然选择演化形成，繁殖季节也因地区不同、品种不同而发生变化。生长在热带、亚热带地区或经过人工培育选择的绵羊，繁殖季节较长，甚至没有明显的季节性表现，我国的湖羊和小尾寒羊就可以常年发情配种。

（二）山羊的繁殖季节

山羊的发情表现对光照的影响反应没有绵羊明显，所以山羊的繁殖季节多为常年性的，一般没有限定的发情配种季节。但生长在热带、亚热带地区的山羊，5～6月因为高温的影响也表现发情较少。生活在高寒山区，未经人工选育的原始品种山羊的发情配种也多集中在秋季，呈明显的季节性。

（三）公羊的繁殖季节

不管是山羊还是绵羊，公羊都没有明显的繁殖季节，常年都能配种。但公羊的性欲表现，特别是精液品质，也有季节性变化的特点，一般还是秋季最好。

（四）羊的繁殖季节与纬度的关系

不同的纬度地带，在同一季节里光照条件却不相同。在纬度较高的地区，光照变化较明显，因此母羊发情季节较短，而在纬度较低的地区，光照变化不明显，母羊可以全年发情配种。

二、配种方法

目前羊的配种主要有3种方法，即自然交配、人工辅助交配和人工授精。

（一）自然交配

自然交配也称本交，在配种季节，按公羊、母羊1：20的比例，将公羊放入母羊群，混群饲养或放牧，母羊发情时便与同群公羊自由交配，这种方法又叫群体本交。这种方法简单省事，受胎率较高，适于分散的小规模饲养的群体。其缺点是公羊需求量相对较大，后代血统不明，不能记录确切的配种日期，给产羔管理造成困难，并且易造成近交。

（二）人工辅助交配

人工辅助交配就是使发情母羊有计划地与公羊交配，也就是平时将公、母羊分开饲养，当母羊发情时再让选定的公羊与母羊交配。这种方法克服了自然交配的一些缺点，有利于合理地选种选配，并能确知母羊的预产期。为确保受胎，也可重复交配或双重交配，即在一个情期采用2次配种或两个公羊同时配种。

（三）人工授精

人工授精就是人为地借助采精工具或徒手将公羊精液采出，经品质检查、活力测定、稀释等处理过程，再将精液输到母羊的子宫里，达到母羊受胎的目的。其优点是：可以提高优秀种公羊的配种利用率，与配母羊数比本交能够提高10倍，少养种公羊，可节省种公羊的饲养费用。能够有效计算母羊的预产期，降低出生时羔羊的死亡率。随着科学的发展，还可将优秀种公羊的精液冷冻，进行长期保存，便于远距离异地输精，这样生产者不需要养种公羊，从而减少了生产成本。

第三节　羊的人工授精技术

羊的人工授精方法适用于具有一定技术力量的规模养羊场，是用器械、以人为的方法采取公羊的精液，经过品质检查和一系列处理，再通过器械将精液输入发情母羊生殖道内，达到母羊受胎的配种方式。采用人工授精技术，一只公羊在一个繁殖季节可配 300～500 只母羊，有的可达到上千只，对羊群的遗传改良起着非常重要的作用，并可防止疾病的传播，节约饲养大量种公羊的费用。人工授精的主要技术包括采精、精液品质检查、精液的稀释、精液保存和运输、母羊发情鉴定等主要技术环节。

一、种公羊的管理

种公羊应选择个体等级优秀，符合种用要求，年龄在 2～5 岁，体质健壮、睾丸发育良好、性欲旺盛的种羊。正常使用时，精子的活力在 0.7 以上，畸形精子少，正常射精量为 0.8～1.2mL，密度中等以上。

选派责任心强、有经验的放牧员放牧，每天的放牧距离不少于 7.5km。种公羊要单独饲养，圈舍宽敞、清洁干燥、阳光充足、远离母羊圈舍。饲料应多样化，保证青绿饲料和蛋白质饲料的供给。在配种季节，每天保证喂给 2～3 个新鲜的鸡蛋。

二、试情公羊的管理

试情公羊就是指用来测试母羊是否发情的公羊。在试情时一般采用戴试情布或割断输精管的方法，试情羊需要身体健壮，性欲旺盛，无疾病。试情季节最好单独饲养，早晚各半小时放入母羊群试情，挑出发情母羊，适时输精。

三、母羊的管理

配种季节来临之前，及时做好羔羊断奶、母羊群的调整、预防接种、驱虫，进行短期优饲，使母羊膘情达到中等以上，这样可以多排卵，排出优质的卵，提高受胎率和集中发情率。母羊在进入发情季节后，第一个情期建议不要输精，实践表明，在第二、第三个情期输精受胎率要高于第一个情期。

四、采精前的准备

（一）种公羊采精调教

种公羊在配种前一个月进行调教采精，排除体内的陈精，并增强产精能力。尤其是初次参加配种的公羊，就不太容易采出精液来，可采取以下措施。

① 同圈法，将不会爬跨的公羊和若干只发情母羊关在一起过几夜，或与母羊混群饲养几天后公羊便开始爬跨。

② 诱导法，在其他公羊配种或采精时，让被调教公羊站在一旁观看，然后诱导它爬跨。

③ 按摩睾丸，在调教期每日定时按摩睾丸 10～15 分钟，或用冷水湿布擦睾丸，经几天后则会提高公羊性欲。

④ 将发情母羊阴道黏液或尿液涂在公羊鼻端，也可刺激公羊性欲。

⑤ 用发情母羊做试情台羊。

⑥ 调整饲料，改善饲养管理，这是根本措施，若气候炎热时，应进行夜牧。

（二）器械的准备和消毒

1. 器械的准备

人工授精所需的器械和药品应在配种季节前准备齐全，易损器械应有足够的储备。所需的器械在每次人工授精使用前必须消毒，使用后要立即洗涤。新的金属器械要先擦去油渍后洗涤。方法是：先用清水冲去残留的精液或灰尘，再用少量洗衣粉洗涤，然后用清水冲残留的洗衣粉，最后用蒸馏水冲洗 1~2 次。

2. **器械消毒**

实践证明，采精、输精器材不宜放入水中煮沸消毒，因为煮沸后器械表面会留有一些杂质，影响精液的品质，而蒸汽消毒可避免器械表面留有杂质的问题，蒸汽消毒应达到 30 分钟以上。

（1）玻璃器皿消毒　将洗净后的玻璃器皿倒扣在网篮内，让剩余水流出后，再放入烘箱，在 115℃下消毒 30 分钟。可用消毒杯柜或碗柜消毒，价格便宜、省电。消毒后的器皿透明，无任何污渍才能使用，否则要重新洗涤、消毒。

（2）开膣器、温度计、镊子、磁盘等消毒　洗净、干燥后，用纱布包好放在蒸锅内用蒸汽消毒。消毒好的器械放在消毒柜内待用。

（3）假阴道的安装、洗涤和消毒　先把假阴道内胎（光面向里）放在外壳里边，把长出的部分（两头相等）反转套在外壳上。固定好的内胎松紧适中、匀称、平正、不起皱褶和扭转。装好以后，在洗衣粉水中，用刷子刷去粘在内胎外壳上的污物，再用清水冲去洗衣粉，最后用蒸馏水冲洗内胎 1~2 次，自然干燥。在采精前 1.5 小时，用 75% 酒精棉球消毒内胎（先里后外）待用。

附：配制 75% 酒精，用购买的医用酒精，一般为 95% 浓度，取其 79mL，加蒸馏水 21mL 即为 75% 浓度的酒精。

五、采精及精液的处理

（一）采精

① 假阴道的准备。将消过毒的、酒精完全挥发后的内胎，

用生理盐水棉球或稀释液棉球从里到外擦拭，在假阴道一端扣上消过毒并用生理盐水或稀液冲洗后甩干的集精瓶（高温低于25℃时，集精瓶夹层内要注入 30~35℃温水）。从外壳中部注水孔注入 150mL 左右的 50~55℃温水，拧上气卡塞，套上双连球打气，使假阴道的采精口形成三角形。最后把消毒好的温度计插入假阴道内测温，温度在 39~42℃为宜，在假阴道内胎的前1/3，涂抹稀释液或生理盐水作润滑剂（也可用凡士林），就可立即用于采精。

②选择发情好的健康母羊作台羊，后躯应擦干净，头部固定在采精架上。训练好的公羊，可不用发情母羊作台羊，还可用公羊作台羊、假台羊等都能采出精液来。

③种公羊在采精前，用湿布将包皮周围擦干净。

④采精操作。采精员蹲在台羊右侧后方，右手握假阴道，气卡塞向下，靠在台羊臀部，假阴道和地面约成35°角。当公羊爬跨、伸出阴茎时，左手轻托阴茎包皮，迅速地将阴茎导入假阴道内，公羊射精动作很快，发现抬头、挺腰、前冲，表示射精完毕，全过程只有几秒钟。随着公羊从台羊身上滑下时，将假阴道取下，立即使集精瓶的一端向下竖立，打开气卡活塞，放气取下集精瓶（不要让假阴道内水流入精液，外壳有水要擦干），送操作室检查。采精时必须高度集中，动作敏捷，要做到稳、准、快。

⑤种公羊每天可采精 1~2 次，采 3~5 天，休息一天。必要时每天采 3~4 次，二次采精后，让公羊休息 2 小时后，再进行第三次采精。

（二）精液品质检查

精液品质检查项目很多，这里只介绍几种常用的项目。

1. 肉眼观察

正常精液为乳白色、无味或略带腥味。凡带有腐败味，出现红色、褐色、绿色的精液均不可用于输精。

2. 精子活率检查

在载玻片上滴原精液或稀释后的精液1滴，加盖玻片，在38℃显微镜温度下（可按显微镜大小，自制保温箱，内装40W灯泡1只，既照明又保温）检查。精子运行方式有直线前进运动、回旋运动和摆动3种。评定精子活率以直线前进运动的精子百分率为依据，通常是用十级评分法。大约有80%的精子做直线前进运动的评为0.8，有60%精子做直线前进运动的为0.6，依次类推。

在检查（评定）精子活率时，要多看几个视野，并上下扭动显微镜细螺旋，观察上、中、下3层液层的精子运动情况，才能较精确地评出精子的活率。

3. 密度检查

估测法：在检查精子活率的同时进行精子密度的估测。在显微镜下根据精子稠密程度的不同，将精子密度评为"密"、"中"、"稀"三级。"密"级为精子间空隙不足一个精子长度，"中"级为精子间有1~2个精子长度空隙，"稀"级为精子间空隙超过2个精子长度以上，"稀"级不可用于输精。

（三）精液处理

精液收集后应避免太阳光直射，避免烟、化妆品等异味的刺激。精液原液中精子活率在0.6以上方可用于稀释输精。

1. 精液低倍稀释

原精液量够输精时，可不必再稀释，可以直接用原精直接输精。不够时按需要量做1：（2~4）倍稀释，要把稀释液加温到30℃，再把它缓缓地注入原精液中，摇匀后即可使用。

2. 精液高倍稀释

要以精子数、输精剂量、每一剂量中含有1 000万个直线运动的精子数，结合最后输精时间的精子活率，来计算出精液稀释比例，在30℃下稀释（方法同前）。

（四）液态精液稀释液配方与配制

1. 精液低倍稀释的稀释液

在精液采出后，原精数量不够时可作低倍稀释，密度仪器测定。满足需要并在短时间内使用，稀释液配方可简单些，如生理盐水。奶类稀释液：用鲜牛奶、羊奶，水浴92~95℃消毒15分钟，冷却去奶皮后即可使用。凡用于高倍稀释精液的稀释液，都可作低倍稀释用。

2. 精液高倍稀释的稀释液

不但是为了扩大精液量，而且还要延长精子的保存时间，配方很多，现介绍两种稀释液。

① 葡萄糖3g，柠檬酸钠1.4g，EDTA（乙二胺四乙酸二钠）0.4g，加蒸馏水至100mL，溶解后水浴煮沸消毒20分钟，冷却后加青霉素10万单位、链霉素0.1g，若再加10~20mL卵黄，可延长精子存活时间。

② 葡萄糖5.2g，乳糖2.0g，柠檬酸钠0.3g，EDTA（乙二胺四乙酸二钠）0.07g，蒸馏水100mL，溶解后煮沸消毒20分钟，冷却后加庆大霉素1万单位，卵黄5mL。

一般以稀释1~4倍为宜，如立即使用可用生理盐水或5%的葡萄糖溶液稀释，如保存应配制柠檬酸钠-葡萄糖-卵黄稀释液。

（五）精液的分装、保存和运输

精液低倍稀释，就近输精，把它放在小瓶内，如在短时间内用完，不需降温保存。

1. 分装保存

（1）小瓶中保存　把高倍稀释精液按需要量装入小瓶，盖好盖，用蜡封口，包裹纱布，套上塑料袋，放在装有冰块的保温瓶（或保存箱）中保存，保存温度为0~5℃。

（2）塑料管中保存　把精液以 1∶40 倍稀释，以 0.5mL 为一个输精剂量，注入塑料吸管内（剪成 20cm 长，紫外线消毒），两端用塑料封口机封口，保存在自制的泡沫保存箱内（箱底放冻好的冰袋，再放泡沫塑料隔板，把精液管用纱布包好，放在隔板上面，固定好），盖上盖子，保存温度大多在 4～7℃，最高到 9℃。精液保存 10 小时内使用，这种方法可不用输精器，经济实用。

2. 运输

不论哪种包装，精液必须固定好，尽可能减轻振动。若用摩托车送精液，要把精液箱（或保温瓶）放在背包中，背在身上。若乘汽车送精液，最好把它抱在怀里。

（六）输精

1. 输精时间

适时输精，对提高母羊的受胎率十分重要。山羊的发情持续时间为 24～48 小时。排卵时间一般多在发情后期 30～40 小时。因此，比较适宜的输精时间应在发情中期（即发情后 12～16 小时）。如以母羊外部表现来确定母羊发情的，若上午开始发情的母羊，下午与次日上午各输精 1 次；下午和傍晚开始发情的母羊，在次日上午和下午各输精 1 次。每天早晨 1 次试情的，可在上午和下午各输精 1 次。2 次输精间隔 8～10 小时为好，至少不低于 6 小时。若每天早晚各 1 次试情的，其输精时间与以母羊外部表现来确定母羊发情时相同。如母羊继续发情，可再进行 1 次输精。

2. 母羊保定

把发情母羊在输精架上保定好，进行输精。如果没有输精架，可用以下方法进行保定：保定人将母羊头夹紧在两腿之间，两手抓住母羊后腿，将其提到腹部，保定好不让羊动，母羊呈倒立状，用温布把母羊外阴部擦干净，即可输精。

3. 输精方法

（1）子宫颈口内输精　输精人员将照明灯戴在前额上，将消毒后（在1%氯化钠溶液浸涮）的开膣器轻缓地插入阴道，打开阴道，找到子宫颈口，将吸有精液的输精器通过开膣器插入子宫颈口内，深度约1cm。稍退开膣器，输入精液，先把输精器退出，后退出开膣器。进行下只羊输精时，把开膣器放在清水中，用水洗去粘在上面的阴道黏液和污物，擦干后再在1%氯化钠溶液浸涮；用生理盐水棉球或稀释液棉球，将输精器上粘的黏液、污物自口向后擦去。

（2）阴道输精　将装有精液的塑料管从保存箱中取出（需多少支取多少支，余下精液仍盖好），放在室温中升温2～3分钟后，将管子的一端封口剪开，挤1小滴镜检活率合格后，将剪开的一端从母羊阴门向阴道深部缓慢插入，到有阻力时停止。再剪去上端封口，精液自然流入阴道底部，拔出管子，把母羊轻轻放下，输精完毕，再进行下只母羊输精。

4. 输精量

原精输精每只羊每次输精0.05～0.1mL，低倍稀释为0.1～0.2mL，高倍稀释为0.2～0.5mL，冷冻精液为0.2mL以上。

（七）用激素同期发情

有些养殖场为了有利于产羔的管理，让母羊集中发情，采用药物或激素催情。因为个体的差异，应用激素的量不易掌握，容易导致内分泌紊乱，造成母羊不发情、长时间发情或无规律发情，达不到受胎的目的，影响了生产。建议对那些长期不发情的母羊采用药物或激素催情，但要掌握好用量，并且不能频繁使用。

第四节　提高肉羊繁殖力的技术措施

肉羊生产中种羊的繁殖力不仅受羊只本身生理状况的影响，而且还受营养水平、管理技术、繁殖方法和技术水平等条件的制约。只有采取综合措施，认真抓好每一个生产环节，才能提高肉羊的繁殖力，进而提高肉羊生产的经济效益。

一、种公羊的选育

种公羊的选择，要求体型外貌符合种用要求、体质强壮、睾丸发育良好、雄性特征明显。尤其要优先利用体尺高大、睾丸大的种公羊。对种公羊的精液品质必须经常检查，及时发现和剔除不符合要求的公羊，同时应注重从繁殖力高的母羊后代中选择培育种公羊。

选择重在遗传、培育重在环境，只有把两者结合起来，才能把种公羊的遗传潜力遗传下来。为此在选择过程中，必须在羔羊出生、断奶和周岁这 3 个阶段进行严格选择和淘汰。选择时不仅注重个体自身生长发育和有关性状，并要根据其亲代生产性能和主要性状进行综合考虑。培育是指在良好环境条件下，满足各种营养需要，使其后代的遗传潜能发挥出来。如果环境条件不具备，或者各种营养不能满足，其生产性能或性状表现很难判断是先天不足还是环境因素造成的，给选留带来一定困难。

二、选择和培育多胎品种

选择和培育多胎品种是提高母羊繁殖力的重要途径，肉用羊不论是绵羊还是山羊，其繁殖性能受不同品种的影响较大。即使是同一品种，羊只个体之间、不同胎次之间也有差异。例如小尾寒羊的繁殖率高达 273% 左右，而道赛特羊的产羔率仅为

140% ~ 150%。同一品种不同胎次产羔率也相差很大。以小尾寒羊为例，1~2胎平均产羔率在200%左右，4~5胎可达300%，同一胎有的个体羊产得多，有的产得少，依据这一规律，饲养户可以多选留多胎母羊。发现有多胎母羊，要注意从其家族中选留公、母羊，母羊产得多，其后代一般也产得多。

三、合理调整繁殖母羊群

合理的羊群结构是实现肉羊高效生产的必要条件，繁殖母羊在群体中占的比例大小，对羊群增殖和饲养效益影响很大。一般可繁母羊比例在羊群中应占60%~70%。生产中要推行羔羊当年出栏，及时淘汰老、弱、病、残母羊，补充青年母羊参与繁殖。

四、重视后备母羊的选育

后备母羊的选择，要从多胎角度考虑，在选择过程中，应特别注意初产母羊的多胎率对后代繁殖率的影响，通过对初产母羊的选择，能够提高羊的多胎性能。另外，要选择体尺大的后备母羊，尤其是后躯发育要好，骨盆宽大，减少难产。其次要选择性情温顺、母性强的后备母羊，对以后哺育羔羊相当重要。

后备母羊不妊娠、不泌乳，无负担，因此往往被忽视。其实此时母羊的营养状况直接影响着生殖器官、消化器官、体格的发育，因此日粮既具有一定的容积，又要有一定的营养浓度，如能量、蛋白质、矿物质和维生素。这样使后备母羊肋骨开张良好、骨盆宽大、体格较大、腹围适中，既不过肥，又不过瘦，保持八成膘情。

五、抓好配种膘情

抓好配种膘情是指配种前加强饲养管理，注意母羊促膘。膘情好，则怀孕母羊体壮，胎儿发育良好，产后奶充足，羔羊初生重大，羔羊健壮，从而成活率高。特别是加强配种前的母羊饲喂，对卵细胞的成熟和排卵有重大影响，同时也要加强怀孕期的补饲，有利于胎儿的正常发育和产后羔羊的哺乳。

六、其他技术措施

为提高肉羊的繁殖力，除以上几种措施外，还可用一些类激素药物，控制肉羊的繁殖，做到想什么时间繁殖就什么时间繁殖，从而使生产更具有计划性。

（一）同期发情

同期发情就是给可繁母羊注射激素类药物，将一群羊的发情周期调整到相同阶段。诱发母羊集中在 2～3 天内发情，定时输精，这样有利于组织成批生产及羊舍的周转，降低劳动强度，减少生产成本。用药物处理进行同期发情的具体方法有以下几种。

1. 海绵法

将激素按剂量制成悬浮液，用海绵吸取药液并塞入母羊子宫颈口处，埋植 10～14 天取出，当天注射孕马血清 400～750 单位，2～3 天后被处理的母羊大多数发情，发情当天和次日各输精 1 次。激素种类和用量为：甲孕酮 40～60mg，孕酮 150～300mg，18-甲基炔诺酮 30～40mg，氟孕酮 30～60mg。

2. 前列腺法

在母羊发情结束数日后，将前列腺素或其他类似物向子宫内灌注或肌肉注射，在 2～3 天内引起母羊发情。

3. 口服法

每天将一定药物拌在饲料内，连续服用 12～14 天后停药，诱导母羊同期发情。用药量为阴道海绵法的 1/10～1/5，最后一次口服的当天注射孕马血清 400～750 单位。给药时必须搅拌均匀，或单独喂药。

（二）双羔素

双羔素也是一种激素类药物，它可促使卵细胞发育、成熟，以提高母羊的排卵数。

目前，国内外已有几个单位研制和生产双羔素。使用方法是在母羊配种前 7 周第一次免疫，间隔 3 周后第二次免疫，每次、每只颈部皮下注射 2mL 双羔素。中国农业科学院畜牧研究所研制的双羔素有水剂和油剂两种，水剂型母羊在配种前 5 周、2 周分别进行 2 次免疫，每次、每只剂量为 1mL。油剂型则在母羊配种前 2 周免疫注射 1 次，每只注射剂量为 2mL。新疆农业大学研制的新八-A 型和新八-I 型双羔素两种，使用新八-A 型双羔素，只在母羊配种前 3 天进行一次免疫注射，使用新八-I 型双羔素先对母羊做发情鉴定，于发情周期的第 14 天免疫注射，母羊再发情时即可配种。据资料报道，应用上述几种双羔素可提高产羔率 50% ~57%，效果显著。但应用效果受品种母羊体况、繁殖年龄、胎次、营养状况等因素的影响，多胎品种效果好于单胎品种，营养好的母羊好于营养差的母羊，青壮年母羊好于体弱多病母羊。双羔素诱产多胎技术操作简单、成本低、效果好，推广应用的前景非常好。

第六章　种羊的选择

选种的目的就是为了把生产性能高、体格健壮的羊只选出来配种，使羊群的生产性能逐代提高，保障养殖者的经济效益。所以，公、母羊的选择就成为保障经济效益的基础。

第一节　种羊的标准

任何一个物种，都有其种的标准，肉羊也不例外，都是从体型外貌和生理特征的角度来考虑的。

头部：种羊要求头部强健，有大而温顺的棕色双眼，罗马鼻；4牙时必须完全吻合，6牙以上可能有6mm突出；角逐渐后弯，且应尽可能圆而坚硬，色暗，耳宽阔，光滑且长度适中。对于那些额凹、角太直或太扁平、耳皱、突出且太短的缺陷，应及时淘汰。

颈与前躯：种公羊要求颈长适中，与体长相称；胸骨应宽，并有一深而宽的前胸。肩部应肌肉多，与身体相称；前腿长度中等，与体长呈比例，腿短而强健，且位置适当。对于存在颈太长、太细或太短，肩部松弛等缺点的应及时淘汰。

躯体：理想的种公羊应有一长、深且宽阔的体躯；多肉的开张肋骨与腰部相称，背部宽阔平直，肩后不显狭窄。对于存在背部凹陷、肋骨开张不良、肩后呈圆柱状或狭窄等缺点的应及时淘汰。

后躯：种公羊的尻部宽而长，大腿、尻部肌肉丰满，凹凸不平。对于存在尻部太短或翘起太高、腿太长或尻太平等缺陷的应及时淘汰。

四肢：种公羊要求四肢强健，肌肉太多者属非理想型。所谓强壮的四肢是指结实、适应性强。对于 X 状肢和外弯肢，太纤细或肉太多的四肢，膝部弱，蹄尖向外或向内的应及时淘汰。

皮肤和被毛：种公羊要求皮肤松软，有充足的颈部和胸部褶皱，这是一个基本特征。眼睑和无毛部分有色系，尾下无毛的皮肤应有 75% 的色素区，种羊则以 100% 的色素为理想。毛短有光泽，少量绒毛有利于耐受冬季的寒冷。对于被毛太长且粗、绒毛太多的应及时淘汰。

性器官：母羊要求乳房结构好，两个乳头齐全且功能完整，母性强。允许的缺陷：若不能看出乳头分离，但有两个泌乳口；双乳头前 50% 应分开。公羊要求在一个阴囊中有两个较大、正常、结构良好和同等大小的睾丸。阴囊的圆周不小于 25cm。对于乳头为串状、葫芦状或双乳头、小睾丸、阴囊有大于 5cm 的裂口的应及时淘汰。

第二节　选种的基本原则

在实际生产过程中，公羊的选种比母羊的选种更为重要。俗话说"母羊好，好一窝，公羊好，好一坡"，就说明公羊选种的重要性。所以，要选出好的种羊，必须根据羊的生产方向、育种目标及各个品种的特征进行选择。

一、根据祖代的表现选择种羊

俗话说："好种出好苗，好瓜结好瓢。"祖代品种的优劣，会直接遗传给后代。所以，在选购种羊时，要对其上几代羊的生产性能如体重、产肉量、繁殖力、泌乳量、体型、外貌等进行认真考察，只有好的祖先，才能有好的后代。

二、根据个体的外在表现选择种羊

种羊的品种特征、体型外貌、生长发育状况、生产性能等都会直接遗传给下一代。所以，在选择种羊时，必须依据这些特征优中选优。一般情况下，选留种羊要经过初生、断奶、6 月龄、8 月龄、周岁以及所生后代等多次鉴定后才能确定。

（一）选择种公羊要求

种公羊应体质健壮，精力充沛，敏捷活泼，食欲旺盛。其头略粗重，眼大且突出，颈宽且长，肌肉发达，鬐甲高于荐部，背平直，肋骨拱张，背腰平宽，四肢端正，被毛较粗而长，具有雄性的悍威。两个睾丸发育要匀称，外貌和生产性能符合本品种的要求。凡单睾、隐睾及任何生殖器官畸形都不能作种用。特别是进行人工授精的羊场，必须 3～4 年换血一次，即更换种公羊，以免近亲繁殖，造成群体质量下降甚至退化，影响经济效益。

（二）选择种母羊要求

种母羊应灵敏，神态活泼，行走轻快，头高昂，食欲旺盛，生长发育正常，皮肤柔软富有弹性。乳房发育良好，青年羊的乳房圆润紧凑，紧紧地附着于腹部。老龄羊的乳房多表现下垂、松弛，呈长圆筒状。发情症状要明显，繁殖力高，外貌特征符合本品种要求，没有疾病和其他传染病。外购母羊最好是在 8 月龄以上的育成羊或有 1～3 对牙的经产母羊。自繁自养的情况下，选择母羔要体况结实，其母亲无繁殖障碍，母性好。母羊的最好繁殖年龄为 3～5 岁，6 岁以后繁殖力开始下降，7～8 岁逐渐衰退。

三、根据后代的表现选择种羊

种羊品质的好坏，最终还要看其后代的生产性能。后代生产性能好就说明种羊有较好的生产性能。因此，要根据后代的特性来确定种羊品质的好坏，是否留做种用。只要后代的生产性能没有达到预期的指标，种羊体型等再好也不能作为种羊留用，尤其是种公羊。

第三节 选种的实际操作

种羊的好坏，对后代品质有重要的影响，而种公羊对整个羊群的影响最大。所以，养殖户必须严格按种羊的标准，精心挑选。

一、要看当地的实际情况

快速提高肉羊生产性能的最有效措施是杂交改良，通过引进优良肉用品种羊改良地方品种羊以提高其生长速度和生产性能。各地要根据地方品种的种质特点，有针对性地引种改良，以提高地方品种羊的生产性能和生长速度。条件许可的情况下，要先做杂交改良试验，再确定改良目标。

二、要看体型

要看羊的体型、肥瘦和外貌等状况，以判断品种的纯度和健康状况。种羊的毛色、头型、角和体型等要符合品种要求。种羊的体型、体况和体质应结实，前胸要宽深，四肢粗壮，肌肉组织发达。公羊要头大雄壮、眼大有神、睾丸发育匀称、性欲旺盛，无单睾或隐睾；母羊要腰长腿高、乳房发育良好。

三、要看年龄

种羊的年龄除体型外，主要依靠牙齿来判断。

（一）乳齿

又称"原口"或"乳口"。羔羊 3～4 周龄时 8 个门齿就已长齐，为乳白色，比较整齐，形状高而窄，接近长柱形，称为乳齿。

（二）永久齿

羊生长到 12～14 月龄后，最中央的两个门齿脱落，换上两个较大的牙齿，这种牙齿颜色较黄，形状宽而矮，接近正方形，此时的羊称为"二牙"或"对牙"。

（三）齐口

"二牙"以后大约每年换一对牙，到 8 个门齿全部换成永久齿时称为"齐口"。

所以"原口羊"指 1 岁以内的羊，"对牙"为 1～1.5 岁，"四牙"为 1.5～2 岁，"六牙"为 2.5～3 岁，"八牙"为 3～4 岁。4 岁以后，主要根据门齿磨面和牙缝间隙大小判断羊龄；5 岁羊的牙齿横断面呈圆形，牙齿间出现缝隙；6 岁时牙齿间缝隙变宽，牙齿变短；7 岁时牙齿更短，8 岁时开始脱落。引种时要仔细观察牙齿，判断羊龄，以免引入老羊。

四、要判断羊的健康状况

健康羊活泼好动，两眼有神，毛有光泽，食欲旺盛，呼吸、体温正常，四肢强健有力；病羊则毛散乱、粗糙无光泽，眼大无神、呆立，或者体表和四肢有病等。

五、要随带系谱卡和检疫证

种羊场都必须有种羊系谱档案，出场种羊应随带系谱卡，以便掌握种羊的血缘关系及父母、祖父母的生产性能，估测种羊本身的生产性能。从外地引种时，应向引种单位取得检疫证，以免引入病羊。

第七章　影响肉羊生长发育的因素

在肉羊的实际生产中，影响肉羊生长发育的因素很多，其中最直接的因素是肉羊的品种、年龄、性别、体重等内在因素；除此之外，还与饲料质量、温度、湿度、光照、生活环境、疫病等外在因素有关。

第一节　影响肉羊生长发育的内在因素

肉羊生产水平的高低和产品质量的好坏直接受品种、年龄、性别、营养水平和屠宰季节的影响，这是决定养羊能否获取最大经济效益的关键因素。

一、品种

在肉羊生产中不同品种产肉性能差别很大，同时肉的品质也不同。早熟肉用羊品种，以短毛肉用羊的肉质为最好。如南丘羊的羔羊，容易肥育，屠宰率能达到60%，肉块所含脂肪量较少，肉质细嫩。长毛肉用羊，如边区莱斯特羊等较早熟，肉质细嫩，脂肪分布均匀，屠宰率约为55%。细毛羊品种的屠宰率通常在40%～50%，我国地方品种羊屠宰率一般在35%～45%。

二、年龄

不同年龄羊的产肉性能不同，肉的品质也不同。羔羊生长速度快而且产肉率高。羔羊肉的肉色淡红，肉柔软而细嫩，脂肪少，骨骼细而肉多，没有特殊的气味。随着月龄的增长，成年羊的育肥速度减慢，到一定月龄时，由于脂肪过多贮积，产生一种异味，肉由淡红色变暗红色，羊肉的价值降低。

三、性别

公羊的生长发育比羯羊和母羊快，但通常都用羯羊进行肥育。这是由于公羊成年后会产生一种特殊物质，具有一种特殊的膻味，肌肉纤维粗，难消化。羯羊的体重增长快，肌纤维较细，膻味轻，屠宰率高，脂肪沉积也较好。

第二节　影响肉羊生长发育的外在因素

肉羊生长发育的快慢，不仅取决于其本身的遗传因素，还受到外界条件的影响，如营养、温度、湿度、光照、空气质量、疫病和饲养密度等。环境恶劣、营养不良，不仅使肉羊生长缓慢，饲养成本增高，甚至会使羊只机体抵抗力下降，诱发各种疾病。

一、营养对肉羊生长的影响

饲料的营养水平能直接影响羊的屠宰率和羊肉营养成分。优质的饲料喂的羊肉口感好，因为肥羊会在肌肉间形成脂肪，使羊肉吃起来不觉得腻。所以，羊进行短期强度肥育，可提高产品质量。

二、温度对肉羊生长的影响

肉羊的生长与生产性能，只有在适宜的条件下才能得到充分发挥。温度过高和过低，都会影响肉羊的健康生长。

（一）肉羊的适宜生长温度

羊是恒温动物，无论环境温度高低，都会借生物机能调解来保持恒定的体温。当环境温度下降时，羊体散热增加，需要提高代谢率来增加产热量，以保持体温恒定，这种开始提高代谢率的温度叫做临界温度。但是，不同的品种、不同的年龄阶段对温度的要求是不同的。肉羊正常的生长发育所需要的温度为 8 ~ 24℃，其中 14 ~ 22℃为适宜温度，超过这个范围，就会在一定程度上制约肉羊的生长。

（二）羊舍内温度高于适宜温度时

羊采食量明显下降，严重时还会造成中暑或死亡。高温对母羊繁殖力有不良影响，配种后最初 2 ~ 3 周内高温会不利于受胎率、窝仔数和羔羊窝重。为避免夏季高温导致的后果，要使每天的平均温度保持在 27℃以下，并避免温度升到 29℃以上。超过 36℃时，母羊受胎率降低，死胎数增加，初生羔羊体重减轻，甚至引起流产，公羊射精量减少，精子成活率低。同时高温导致羊舍内粪尿加快蒸发，有害气体增加，对肉羊生长发育不利。因此养羊场最好避开夏季的繁育。

（三）当羊舍内温度低于适宜温度时

羊靠自身机制抵御寒冷。然而气温骤变过低时，会诱发羊群发生疫病。羔羊在低温环境下就会扎堆，哺乳的活力降低，减少母乳的摄入，引发肠炎、感冒、肺炎等多种疾病并存的呼吸道综合征，死亡率增加，生长停滞形成僵羊。所以在冬天产羔时，要做好羊舍的保温工作。

（四）羊舍的保温防寒、防暑降温等工作

1. 保温防寒

① 在不影响舍内饲养管理和卫生条件的情况下，适当加大密度。冬春季节养殖肉羊，要做好羊舍保温工作。

② 要搞好羊舍棚圈维修，顶部不可漏雨雪，四周墙壁不透风、椽眼孔隙洞口及窗户要堵严实。选择透明塑料膜，扣棚时要绷紧铺平，棚与墙相接处需用泥封严实。如遇大雪要及时清除棚

上积雪和灰尘，以免压塌羊舍和影响透光性能。

③ 经常更换垫草，利用锯末当垫料可以改善羊体周围的小环境，防止潮湿而且能起到间接保暖的作用，使圈舍内温度保持8℃以上。

④ 冬去春来气候渐暖，应逐渐增大揭棚面积，控制气流防止阴风，禁止全揭，以防羊感冒。

2. 羊舍的防暑降温

在炎热的条件下，采取遮阳、隔热、绿化等措施消减太阳辐射的危害，主要用简单经济的方法促进羊只体热的散发。

① 加强通风，打开所有窗户和通风孔，采用电扇和排风机加强舍内空气流动。

② 保证羊槽内有充足清洁饮水，在饮水中添加 0.1% ~ 0.2% 的人工盐、多维或 0.5% 小苏打，调节肉羊体内电解质平衡，减少热应激的发生。

③ 降低饲养密度。降低比例为 1/4 ~ 1/3，可避免拥挤，改善空气质量，减少热应激，尤其是妊娠母羊，若密度过大，会因炎热烦躁打架引起撞伤、流产。

三、湿度对肉羊生长的影响

肉羊在正常的生长发育过程中对湿度的大小有一定的要求，一般来说，羊舍适宜的相对湿度是 50% ~ 60%，最高不超过75%。湿度过高、过低都会影响肉羊的生长发育。湿度是通过影响羊的体热平衡而影响其生产水平的。在适宜的温度条件下，湿度一般不影响增重。在高温或低温情况下，湿度对增重的影响就比较明显。

① 在高温高湿条件下，肉羊的日增重和饲料利用率都会明显下降。此时的环境对细菌的繁殖是相当有利的，并容易引发体外寄生虫病、呼吸系统疾病。

② 在低温高湿条件下，肉羊易发生风湿症、关节炎及消化道疾病。

③ 空气过于干燥，再加以高温羊皮肤和外露黏膜干裂，减弱皮肤和外露黏膜对病原微生物的抵抗能力。

所以，羊舍温度在 14～22℃，相对湿度为 55%～60%，是肉羊生长发育的最佳温湿度。

四、光照对肉羊生长的影响

适量的光照对肉羊生长发育有一定的促进作用。光照可以使羊神经系统兴奋，提高代谢水平，加强钙、磷的代谢，促进骨骼生长，并且通过神经系统可以促进生殖腺的生长。据测试：在 5℃、18℃ 和 31℃ 3 个温度条件下羔羊分长光照（每天 16 小时）和短光照（每天 8 小时），结果长光照组在上述 3 个温度条件下平均日增重分别为 320g、275g、213g，而短光照组响应的日增重分别为 287g、245g 和 152g。这表明，长光照在相同温度条件下优于短光照。

五、环境对肉羊生长的影响

羊舍的环境质量通常是指羊舍内的有害气体、粉尘和饲养密度等。羊舍内的有毒气体主要指氨气、硫化氢、二氧化碳等。舍内有毒有害气体浓度过大，可直接威胁羊只健康，影响生长发育，严重时可引发羊的支气管疾病、流行性感冒等。

（一）有毒有害气体对肉羊的影响

1. 氨气

羊舍内的氨气是由粪尿、饲料和垫草等废弃物分解而产生的。据调查：羊舍内含氨量达 0.005% 时，对羊产生有害影响；氨气达 0.01%～0.015% 时，羊的日增重和饲料利用率都会降低；低浓度的氨气长期作用可引起羊的抵抗力降低，发病率和死亡率升高。

在通常状态下，要求羊舍的氨气含量不超过 0.0026%。所以，应做好羊舍内粪便的及时清除工作。

2. 硫化氢

硫化氢也是由羊舍内的粪尿、饲料和垫草等含硫有机物分解而产生的，对羊的威胁很大。高浓度的硫化氢气体会引起羊的眼炎、咳嗽、肺水肿等，使羊的体质变弱，抵抗力下降。

在通常状态下，要求羊舍内的硫化氢含量不超过 0.001%。

3. 二氧化碳

羊舍内的二氧化碳是由羊呼吸产生的废气。二氧化碳本身无毒，但高浓度的二氧化碳长期作用可造成羊舍内缺氧，使羊精神不振、食欲减退、增重减少。

一般羊舍内二氧化碳的浓度要求不超过 0.15%。所以，羊舍要保持良好的通风换气。

（二）羊舍中粉尘对肉羊的影响

羊舍中粉尘多来自饲料、粪便、动物的皮毛、昆虫和微生物等多种生物体，如真菌、内源毒素、有害气体及其他有害病原菌，肉眼不易观察到，且都有一定的活性。另外羊舍的臭气会黏附于粉尘，传到很远的地方，并存在很长时间，吸入后黏附于肺部组织，引起呼吸道疾病，粉尘黏附于羊体表面与皮脂腺的分泌物、皮屑等混合黏结在皮肤上，引发皮炎、干燥、破裂。因此，必须做好羊舍内的防尘工作，具体措施如下。

① 羊舍顶部通风口要经常打开，在舍内发放干饲料时动作要轻，打扫羊舍地面之前先在地上洒水。

② 保持栏舍卫生。每天至少清理粪便 2～3 次，每周消毒 1 次，并做好栏舍周围清洁卫生及灭蚊蝇工作。

六、饲养密度对肉羊生长的影响

饲养密度是指单位面积饲养羊只的头数或每头羊所占有的面积。饲养密度过大，夏季不利于羊体散热；冬季虽能提高羊舍温度，但由于密度大，使羊只因争斗引起的采食不均、休息时间缩短，继而影响生长发育。并且，散发的蒸汽和产生的有毒有害气体多，若通风换气不及时，会使羊舍空气污浊，不利于羊体健康。密度过小，不能充分利用羊舍和其他设施，造成浪费。因此，要合理控制饲养密度。

一般来说，每只羊所需的羊舍面积为：产羔母羊 $1.4 \sim 1.6 m^2$、群养公羊 $1.8 \sim 2.4 m^2$、成年羯羊和育成公羊 $0.7 \sim 0.9 m^2$、1 岁育成母羊 $0.8 \sim 1.0 m^2$、去势羔羊 $0.6 \sim 0.8 m^2$，产羔室可按基础母羊数的 $20\% \sim 25\%$ 计算面积。运动场面积一般为羊舍面积的 $2 \sim 2.5$ 倍，成年羊运动场面积可按 $4 m^2$ 计算。

第三节 疫病对肉羊生长的影响

除了温度、湿度、光照、环境质量等因素外，各种疫病也是影响肉羊生长发育的关键因素。肉羊的疾病种类很多，包括季节性疾病、传染病、寄生虫病、营养缺乏病和中毒病等，其中传染病危害最大。这些疾病一旦发生，不但影响正常的生长发育，而且还会造成大量的羊死亡，甚至殃及全群，造成重大的经济损失。

一、传染病对肉羊生长的影响

传染病是由病原微生物如细菌、病毒、支原体等侵入羊体，并在羊体内生长繁殖而引起的具有传染性的疾病。肉羊被感染后，出现体温升高、食欲不振、生理功能亢进等一系列症状，轻的造成羊采食量下降、生长速度降低或停止，继而出现料肉比增加、生产成本上升；重者造成羊只死亡，严重影响肉羊养殖的经济效益。

二、寄生虫病对肉羊生长的影响

寄生在羊体内的寄生虫称为内寄生虫，寄生在羊体外的寄生虫称为外寄生虫。寄生在肉羊体内外的寄生虫种类多，散布广泛，常以极为隐蔽的方式影响肉羊的健康，损害其繁殖性能，抑制羔羊的生长发育，从而大大地降低羊的生产性能，甚至造成肉羊的死亡。

三、营养性疾病对肉羊生长的影响

营养性疾病是由于饲料中缺乏某种营养物质而造成的影响肉羊正常生长发育的疾病。它直接影响羊体的健康，影响羊的生理机能，诱发其他疫病的发生，造成肉羊生长缓慢，养殖效益降低。所以，我们必须根据肉羊的营养需要配制全价日粮，避免营养性疾病的发生。

所以，要采取综合性的防治措施，严格控制传染病的发生。一是坚持"自繁自养"，以减少疫病的传入；二是做好日常环境卫生消毒工作；三是对健康羊群进行预防接种；四是有效消毒、杀虫和灭鼠，确保羊群健康稳定。

第八章　肉羊的饲养管理

第一节　种公羊的饲养管理

种公羊在肉羊生产中具有重要的地位，种公羊的质量对提高羊群的生产力和改良本地羊起着重要的作用，在饲养管理上要严格要求。对种公羊的要求是体质结实，保持中上等膘情，性欲旺盛，保证受孕率高。因此，必须做好种公羊的饲养管理工作，以保证其最佳的生产状态。

一、管理方法

种公羊按配种的多少可分为配种旺季和配种淡季。一般说，春、秋季节为配种旺季；冬、夏季节为配种淡季。搞好配种旺季的饲养管理非常重要。

（一）配种旺季

在这个季节到来之前就应对公羊加强营养和体质锻炼，以使公羊适应紧张繁重的配种任务。

1. 补充营养

种公羊的饲料必须含有丰富的蛋白质、维生素和矿物质等营养物质。蛋白质是否充足，对提高公羊性欲、增加精子密度和活力及提高采精量有决定性作用；维生素缺乏时，可引起公羊睾丸萎缩，精子受精能力降低，畸形精子增加，射精量减少；钙、磷等矿物质也是保证精子品质和种羊体质不可缺少的重要元素。

2. 多种类饲料

种公羊的日粮应由种类多、品质好且为公羊所喜爱的饲料原料组成，豆类、谷物、高粱、小麦、麸皮等都是公羊喜吃的良好饲料原料。干草以豆科和禾本科青干草为好，此外刈割的鲜草、玉米青贮和胡萝卜等多汁饲料也是很好的维生素饲料。粉碎的玉米易消化，含能量高，但喂量不宜过多，占精料的 1/4 ~ 1/3 即可。

3. 定量补饲

种公羊的补饲要做到定时、定量，根据公羊体重、膘情和采精次数来决定。一般在配种旺季每日补饲混合精料 1.0 ~ 1.5kg，鲜、干青草任意采食，骨粉 10g，食盐 15 ~ 20g，采精次数较多时可加喂 2 ~ 3 个鸡蛋（带皮揉碎，均匀拌在精料中）。种公羊的日粮体积不能过大，同时配种前准备阶段的日粮水平应逐步提高，到配种时达到所要求的标准。

4. 拟定饲养管理日程

为使种公羊在配种时期养成良好的条件反射，使各项配种工作有条不紊地进行，必须拟定种公羊的饲养管理日程。饲养管理日程的拟定应以饲养管理和配种强度为依据。

（二）配种淡季

配种淡季应在保证种公羊的种用体况前提下，逐步减少精料的喂量，防止公羊体况过肥或过瘦，精料的喂量以不影响种公羊的体况且能保证配种时的精液质量和数量为宜。饲草以鲜、干青草为主，冬季应补给一定数量的多汁饲料。

二、种公羊的饲养管理

无论放牧还是圈养，种公羊都要单独饲养，不能与母羊混养。在饲养上要满足其营养需要，给予丰富多样的饲草，而且要注意种公羊的运动。对于放牧的种公羊，就不用特意让其运动；

对于圈养的种公羊每天放牧结合运动的时间为 4～6 小时，干粗料为山芋藤、花生秸等农作物秸秆，任其自由采食，每天按体重的 1% 补饲混合精料。采精较频繁时，每天补饲 2 个鸡蛋。每天配羊 1～2 次，3～4 天休息一次。种公羊还要定期进行检疫、预防接种和防治内、外寄生虫，并注意观察日常精神状态。

第二节　母羊的饲养管理

母羊是肉羊生产的基础保障。它管理水平的高低，直接影响着羔羊的出生率、出生体重和体质状况等，继而影响肉羊的生产效率，影响养殖户的经济效益。科学、合理地饲养管理母羊对肉羊生产意义重大。目前，我们按照肉羊的生长发育特点将母羊饲养管理划分为配种前（空怀期）、配种期、妊娠期、母羊的分娩产羔和泌乳期 5 个阶段。

一、配种前的饲养管理（空怀期）

母羊空怀期的营养状况直接影响着发情、排卵及受孕。在日粮配合上，以维持正常的新陈代谢为基础，对断奶后较瘦弱的母羊，还要适当增加营养，以达到复膘。

（一）饲养

由于肉羊四季都可产羔，因此羊场内的母羊产羔季节不同。产冬羔的母羊，一般 5～7 月为空怀期；产春羔的母羊，一般 8～10 月为空怀期。羔羊断奶后，母羊进入空怀期。空怀期的母羊营养需要量比哺乳期低，但也需要喂给优质干草和青贮，并给予适当的精料补充料，以便母羊恢复体力，为下一期的繁殖做好充分的准备。

（二）管理

1. 防止过早配种

母羊一般在 6 ~ 8 月龄性成熟，早熟品种 4 ~ 6 月龄就达到性成熟，但此时母羊体格发育尚未成熟，过早怀孕会对母羊的身体发育造成影响，有的可能成为"僵羊"。且母羊在怀孕期间因胎儿的生长发育而需要消耗大量营养物质，过早怀孕也影响胎儿的发育，所产羔羊初生体重小、体质弱、死亡率高。因此，发育良好的母羊可在 8 ~ 10 月龄开始配种。

2. 诱导发情

诱导发情是指在母羊发情期内，借助生理调控技术诱导其发情排卵而能够进行配种的过程。这种方法可用于空怀的能繁母羊，以期缩短母羊繁殖周期，达到全年均衡生产，实现集中产羔便于管理的目的。诱导发情技术主要有以下几种。

（1）羔羊早期断奶　通过控制母羊的哺乳期，恢复其性周期的活动，提早发情，缩短产羔间隔。早期断奶的时间应根据不同的生产需要和断奶后羔羊的管理水平来决定。基本上羔羊每日能够采食 100g 羔羊精补料时就可以考虑断奶。因此要想做到早期断奶，就必须提早为羔羊进行人工诱导补饲。对 2 月龄前断奶的羔羊，要解决人工哺乳等技术问题。2 月龄后断奶的羔羊，其消化功能基本发育完全，可以饲喂易消化的精饲料和优质饲草，能够保证其身体的正常生长发育。

（2）公羊诱导　在母羊圈外放 1 只公羊，每天 2 ~ 3 次，每次 1 ~ 2 小时，或者每天将公羊放入母羊群 2 ~ 3 次，每次 1 ~ 2 小时，公羊的气味、叫声对母羊起到刺激和诱导作用。在繁殖季节，这种做法的效果很好；但在非繁殖季节，公、母羊混群后，相互没有新鲜感，公羊反而会表现出性欲下降。

（3）激素处理　实践证明，先用孕激素预处理 10 ~ 14 天（放置阴道栓），在预处理结束（撤栓）前 1 ~ 2 天或当天肌内注射孕马血清 500～1 000 单位（每千克母羊体重用量约为 10 单位），可取得较好的处理效果。单独注射孕马血清也能引起卵泡发育和排卵，但发情表现较差，用这种方法可以做到母羊同期发情，羔羊同步出栏。

二、配种期母羊的饲养管理

在维持母羊正常的营养水平、中等膘情的前提下，母羊在配种前 1 个月到 1 个半月，要加强运动，舍饲羊每天早晚驱赶运动 1 小时以上。对部分膘情不好的母羊要额外添加精料和优质牧草（如苜蓿草、优质羊草等）。

（一）发情鉴定

母羊的发情表现与膘情、年龄、光照等因素有关。一般来说，在日照逐渐缩短、气温凉爽的秋季，青壮年母羊发情表现较明显，发情持续期可达 48 小时以上，而老龄羊、瘦弱羊及部分后备母羊发情表现不太明显，而且持续时间较短。冬季气温偏低时，羊发情表现较差。因此，肉羊繁殖季节，饲养员应勤观察，每天早晚用试情公羊试情，并根据行为表现、外阴部变化和阴道分泌物对适宜配种时间做出判断。

（二）适时配种

母羊的适时配种是提高母羊受胎率的重要条件。从理论上讲，配种应在排卵前几小时或十几小时内进行，才能获得较高的受胎率。但是，由于排卵时间很难准确判断，因此，一般多根据母羊发情开始的时间和发情征兆的变化来确定配种的适宜时间。同时，采用人工授精重复配种技术来提高母羊的受胎率。羊配种的最佳时间是母羊发情开始后 18～24 小时，这时子宫颈口开张，容易进行子宫颈内配种输精。一般可根据阴道流出的黏液来判定发情的阶段。黏液呈透明黏稠状即是发情开始，颜色为白色即到发情中期，如已浑浊呈不透明的黏胶状，则到了发情晚期。根据母羊发情晚期排卵的规律，发情晚期是配种输精的最佳时期。可以采取早晚两次试情的方法挑选发情母羊。早晨选出的母羊下午输精 1 次，第二天早上再重复输精 1 次；晚上选出的母羊第二天早上第一次输精，下午重复输精 1 次，这样可以提高受胎率。

三、妊娠母羊的饲养管理

母羊妊娠为 5 个月，分为妊娠前期（3 个月）和妊娠后期（2 个月）。

（一）妊娠前期

由于此期胎儿发育较慢，营养的需要量无明显增加，可以维持空怀时的饲料量。此期要加强管理，不能喂发霉变质、冰冻有霜的饲料，不饮冰茬水，不让羊受惊，以防发生早期隐性流产。在良好的放牧条件下，母羊可补饲少量精料或青干草，如果能延长放牧时间，保证母羊日食三个饱，可以不补饲。

（二）妊娠后期

这一阶段，胎儿生长发育较快，羔羊初生重的 80% ~ 90% 是在这一阶段完成的。因此，对妊娠后期母羊不仅要饲喂足够的蛋白质饲料，还要补充钙、磷及其他微量元素和脂溶性维生素，尤其是对多胎母羊更要注意其营养的合理搭配和补充。如果母羊缺乏营养，会出现流产、死胎、羔羊初生重小、产后缺奶等现象。如果缺少微量元素母羊容易产后瘫痪。这一阶段，除了抓好放牧管理外，应补饲混合精料 0.4 ~ 0.6kg，夜间补饲优质青干草。冬春季节，可以每日补饲胡萝卜 1kg。母羊舍饲时，每天喂给青干草 1kg，禾本科秸秆 0.4kg，青贮玉米 2.5kg，精饲料 0.3kg。

怀孕后期在管理上要做好保胎防流产工作，具体应注意以下几点。

1. 注意卫生

夏季及早秋季节气温较高，草料容易腐败变质，孕羊采食腐败草料对胎儿不利，易造成流产。因此要做到"六净"：料净、草净、水净、圈净、槽净、畜体净，防止病原微生物的侵害，保证胎儿在体内正常地生长发育。

2. 严防孕羊拉稀

冬天饮冷水、吃霜冻变质草料，常引起怀孕羊拉稀、腹泻，使肠蠕动增强，容易导致孕羊流产。因此，在管理上要避免吃霜冻和霉烂变质的草料，不饮冰茬水。

3. 注意用药和严禁驱虫

为预防怀孕母羊流产或早产等情况的发生，其发生疾病时一般只可少量使用一些毒性较低的外用药，内服药不用或极少用。羊进行药浴是驱除一些体外寄生虫的方法，药浴主要使用的药品有 0.05% 双甲脒、0.05% 蝇毒灵、0.5% ~ 1% 敌百虫等。虽然在配制药浴溶液时会按药品的使用说明书安全配制，但为了保证药浴的驱虫效果，以及使药浴溶液能更容易渗透进皮肤，继而达到驱虫的目的，一般驱虫的对象需在药浴池中浸泡 2 ~ 3 分钟才能达到较好的效果，这对怀孕羊可能有一定的危险。所以怀孕母羊严禁药浴驱虫。

4. 注意保胎

妊娠母羊的饲养管理要围绕保胎考虑，冬季注意圈舍的保暖防风，做到不拥挤，通风良好，进出圈舍要慢，饲喂、饮水时要防止拥挤和滑倒，不猛打、惊吓母羊，不喂冰冻饲料，不饮冰茬水，增加母羊活动时间。应将产前一个月的母羊分出来单放一圈。

四、分娩母羊的管理

做好母羊的分娩产羔工作，对于提高羔羊的成活率、促进羔羊的健康生长具有重要的意义。一般根据母羊的配种记录，按妊娠期推测出母羊的预产期，对临产母羊加强饲养管理，并注意仔细观察，同时做好产羔前的准备工作。

（一）分娩征兆

母羊在分娩前，机体的某些器官在组织学上发生显著的变化，母羊的全身行为也与平时不同，这些变化是以适应胎儿产出和新生羔羊哺乳的需要而做的生理准备。对这些变化的全面观察，往往可以大致预测分娩时间，以便做好接产准备。

（二）乳房的变化

乳房在分娩前迅速发育，腺体充实，临近分娩时可以从乳头中挤出少量清亮胶状液体，或少量初乳，乳头增大变粗。

（三）外阴部的变化

临近分娩时，阴唇逐渐柔软、肿胀、增大，阴唇皮肤上的皱襞展开，皮肤稍变红。阴道黏膜潮红，黏液由浓厚黏稠变为稀薄滑润，排尿频繁。

（四）骨盆的变化

骨盆的耻骨联合、荐髂关节以及骨盆两侧的韧带活动性增强，在尾根及两侧松软，肷窝明显凹陷。用手握住尾根做上下活动，感到荐骨向上活动的幅度增大。

（五）行为变化

母羊精神不安，食欲减退，回顾腹部，时起时卧，不断努责和鸣叫，腹部明显下陷是临产的典型征兆，应立即送入产房。

五、正常接产

母羊产羔时，最好让其自行产出。接产人员的主要任务是监视分娩情况和护理初产羔羊。正常接产时，首先剪净临产母羊乳房周围和后肢内侧的羊毛，然后用温水洗净乳房；挤出几滴初乳，再将母羊的尾根、外阴部、肛门洗净，用1%来苏儿消毒。

一般情况下，经产母羊比初产母羊产羔快，羊膜破裂数分钟至30分钟左右，羊羔便能顺利产出。正常羔羊一般是两前肢先出，头部附于两前肢之上，随着母羊的努责，羔羊可自然产出。产双羔时，间隔10~20分钟，个别间隔较长。当母羊产出第一只羔羊后，仍有努责、阵痛表现，是产双羔的征兆，此时接产人员要仔细观察和认真检查。羔羊出生后，先将羔羊口、鼻和耳骨黏液淘出擦净，以免误吞羊水，引起窒息或异物性肺炎。羔羊身上黏液最好让母羊舔干，这样既可促进新生羔羊的血液循环，又有助于母羊认羔。

羔羊出生后，一般都自己扯断脐带，这时可用5%碘酊在扯断处消毒。如羔羊不能自己扯断脐带时，先把脐带内的血向羔羊脐部顺捋几次，在离羔羊腹部3~4cm的适当部位人工扯断，进行消毒处理。母羊分娩后1小时左右，胎盘即会自然排出，应及时取走胎衣，防止被母羊吞食养成恶习。若产后2~3小时母羊胎衣仍未排出，应及时采取措施，一般是给母羊注射催产素。

六、难产母羊的处理

(一) 难产母羊的助产

母羊骨盆狭窄，阴道过小，胎儿过大或母羊身体虚弱，子宫收缩无力或胎位不正等均会造成难产。

羊膜破水30分钟，如果母羊努责无力，羔羊仍未产出时，应立即助产。助产人员应将手指甲剪短，磨光，消毒手臂，带上接生手套，涂上润滑油，根据难产情况采取相应的处理方法。如胎位不正，先将胎儿露出部分送回阴道，将母羊后躯抬高，手入产道校正胎位，然后才能随母羊有节奏的努责，将胎儿拉出；如胎儿过大，可将羔羊两前肢后推数次拉出和送入，然后一手拉前肢，一手扶头，随母羊努责缓慢向下方拉出。切忌用力过猛，或不根据努责节奏硬拉，以免拉伤阴道。

（二）假死羔羊的处理

羔羊产出后，如不呼吸，但发育正常，心脏仍跳动，称为假死。原因是羔羊吸入羊水，或分娩时间较长、子宫内缺氧等。处理方法：一是提起羔羊两后肢，悬空并不时拍击背和胸部；二是让羔羊平卧，用两手有节律地推压胸部两侧，经过这些处理，短时假死的羔羊多能够苏醒过来。

七、产后母羊和出生羔羊的处理

（一）产后母羊的处理

产后母羊应注意保暖、防潮、避风、预防感冒，保持安静休息。如在冬季产后应给母羊饮温水，产后头几天内应给予质量好、容易消化的饲料，量不宜太多，过 3 天后饲料即可转变为泌乳母羊料。

（二）初生羔羊的处理

初生羔羊因体质较弱，抵抗力差、易发病。所以，搞好羔羊的护理工作是提高羔羊成活率的关键，具体应注意以几点。

1. 尽早吃好、吃饱初乳

母羊产后 3 ~ 5 天内分泌的乳汁，奶质黏稠、颜色微黄，营养丰富，称为初乳。初乳容易被羔羊消化吸收，是任何食物或人工乳不能代替的食物。同时，由于初乳含镁盐较多，镁离子有轻泻作用，能促进羔羊的胎粪排出，防止便秘；初乳还含较多的抗体和溶菌酶，含有一种叫 K 抗原凝集素的物质，几乎能抵抗各品系大肠杆菌的侵袭。初生羔羊在生后半小时以前应该保证吃到初乳。吃不到母亲初乳的羔羊，最好能吃上其他母羊的初乳，否则较难成活。

初生羔羊，健壮者能自己吸吮乳，用不着人工辅助；弱羔或初产母羊、母性不强的母羊，需要人工辅助哺乳。即把母羊保定住，把羔羊推到乳房跟前，羔羊就会吸乳。辅助几次，它就会自已找母羊吃奶了。对于缺奶羔羊，最好为其找保姆羊。

2. 羔羊应有良好的生活环境

初生羔羊，生活力差，调节体温的能力较低，对疾病的抵抗力弱，保持良好的环境有利于羔羊的生长发育。环境应保持清洁、干燥，空气新鲜又无贼风。羊舍最好垫一些干净的垫草，室温保持在5℃以上。刚出生的羔羊，如果体质较弱，应安排在较温暖的羊舍或热炕上，温度不能超过体温，等到能够自己吃奶、精神好转，随之可逐渐降低室温至常温状态。

3. 加强对缺奶羔羊的人工哺乳

对多胎母羊或泌乳量少的母羊，其乳汁不能满足羔羊的需要，应适当补饲。补饲的方法最好用其他母羊代养，如果没有母羊能够带养，一般宜用牛奶、人工奶或代乳粉，在补饲时应严格掌握温度、喂量、次数、时间及卫生消毒。

4. 搞好圈舍卫生应严格执行消毒隔离制度

羔羊出生7～10日后，痢疾增多，主要原因是圈舍肮脏、潮湿拥挤、污染严重造成的。这一时期要深入检查羔羊的食欲、精神状态及粪便，做到有病及时治疗。对羊舍及周围环境要严格消毒，对病羔隔离，对死羔及其污染物及时处理掉，控制传染源。

八、泌乳母羊的饲养管理

母羊产羔后进入泌乳期。产后的母羊身体疲倦、口渴，应及时供给温水（在冬季），最好是麸皮盐水，有利于胎衣的排出。一般母羊哺乳期为两个月，分为哺乳前期（产后一个月）和哺乳后期（产后第二个月）。母羊补饲的重点在哺乳前期，在泌乳前期，母羊通过迅速利用体贮备来维持产乳，对能量和蛋白质的需要很高。此时是羔羊生长最快的时期，羔羊生后两周也是次级毛囊继续发育的重要时期，在饲养管理上要设法提高泌乳量。为了保证母羊分泌充足的乳汁，必须喂给母羊优质且营养全面的配合饲料、优质青贮饲料和青干草。

在泌乳后期，母羊的泌乳能力逐渐下降，即使增加补饲量也难以达到泌乳前期的泌乳量。羔羊在此时已开始采食青草和饲料，对母乳的依赖程度减小。这期间羔羊营养物质的来源主要不是依靠母乳。因此在泌乳后期，母羊除了喂给优质干草和青贮外，在精料的补充上可根据母羊的膘情酌情减少。但在羔羊断奶前半个月应对母羊逐渐减少精料量，以使母羊的泌乳量减少，有利于羔羊断奶时预防母羊乳房炎的发生。

第三节　羔羊的饲养管理

羔羊出生时，体质弱，适应能力和抗病力均较差，易发病。因此，做好初生羔羊的护理是提高羔羊成活率和养羊效益的关键措施。

一、羔羊的护理

① 羔羊出生后，首先把其口腔、鼻腔里的黏液掏出擦净，以免因呼吸困难、吞咽羊水而引起窒息或异物性肺炎。羔羊出生时，一般情况下都是靠自身重量扯断脐带，若助产断脐带者，剪断前可用手把脐带中血向羔羊脐部捋几下，然后在离羔羊肚皮3～4cm 处剪断，并用碘酒消毒，以防感染造成羔羊死亡。

② 羔羊身上的黏液应及早让母羊舔干，这样既可促进新生羔羊的血液循环，防止由于体温散失太快而造成羔羊死亡或受凉感冒，又有助于母羊认羔。如果母羊的母性弱时，可将胎儿身上的黏液涂在母羊嘴上，引诱它舔净羔羊身上的黏液。若母羊不舔或天气寒冷时，可用柔软干草及时把羔羊身体擦干。若因分娩时间长，羔羊生时出现"假死"，可提起羔羊两后肢，使羔羊悬空，同时拍打其背部、胸部使羔羊复苏，也可使羔羊平卧，用两手有节律地推压羔羊胸部两侧，这种方法叫做人工呼吸法使羔羊

复苏。

③ 羔羊出生后，一般几十分钟就能站起寻找乳头。应让羔羊尽早吃到初乳，初乳中含有丰富的蛋白质、脂肪、矿物质等营养物质和抗体，对增强羔羊体质、抵抗疾病和排出胎粪具有重要作用，对出生弱羔或母性不强的母羊所产羔羊，需要人工辅助羔羊哺乳。对母羊死亡的孤羔应找保姆羊寄养或人工哺喂。

④ 出生 7 天内的羔羊胎粪稠，易与尾部羊毛黏结堵塞肛门，造成排便困难，应注意清除干净。

⑤ 上规模的养殖户应在羔羊和母羊体侧处编号或标记，避免哺乳上识别有误。尤其是出生后第一个月，乳汁是羔羊营养物质的主要来源，营养几乎全靠母乳供应，只有让羔羊吃好常乳才能保证羔羊生长发育快。通过观察羔羊的精神、被毛等状况可以判断羔羊的发育情况，发育好的羔羊背腰直、腿粗、毛光亮、精神好、活泼好动、眼有神、生长发育快。羔羊如吃不饱或患病，表现为被毛蓬松、无精打采等。

⑥ 羔羊日常护理要做到防冻、防饿、防潮、勤观察、勤喂奶、圈舍勤消毒，同时要注意脐带出血、脐带炎、痢疾、便秘等疾病的预防和治疗。

⑦ 对于长尾型品种，应该采取断尾。因为尾巴容易沾着粪便污染羊毛和影响母羊的配种，断尾应在羔羊出生 10 天内进行，方法是在断尾部位碘酒消毒，用橡皮筋在第 3 ~ 4 尾椎（或距尾根 2 指宽）处扎紧，阻断血液的流通，10 天左右即可自行脱落。也可用烧红的刀具在尾椎结节处切断，并烙烫止血和涂撒消炎粉。断了尾的羔羊要注意观察，以防创口发炎，及时治疗。

二、哺乳期羔羊的饲养管理

对生后 10 天左右的羔羊开始训练羔羊吃草料，一方面可以刺激消化器官的发育，促进心和肺功能发育，另一方面可以避免由于母羊泌乳不足对羔羊生长发育的影响。一般在圈内一角设置补饲栏，空隙以羔羊能够自由出入而大羊不能进入为准，补饲栏高 $0.8 \sim 1m$。栏内设一个补料槽，羔羊进入补饲栏能够自由采食精料，开始应少给勤添引诱羔羊采食，待羔羊会吃料后，改为定时、定量饲喂。羔羊饲料最好由豆饼、玉米、麦麸、预混料、食盐等饲料配制并压制成颗粒料，可以增加饲料的密度和提高采食量，提供苜蓿等优质青干草和充足饮水，一般 1 月龄羔羊每天每只补饲精料 $80 \sim 100g$，2 月龄为 $150 \sim 200g$。

哺乳期羔羊颗粒精料配方：玉米 60%，豆粕 18%，麸皮 10%，胡麻饼 9%，磷酸氢钙 1%，添加剂 1%，食盐 1%。每千克风干饲料含代谢能 11.9MJ，可消化蛋白 141.4g，钙 3.6g，磷 5.1g。苜蓿干草自由采食。

羔羊正常断奶时间为 2 月龄，羔羊出生 40 天以后，母羊的泌乳量逐渐减少，羔羊对母乳的依赖性也减弱，适时断奶有利于母羊体况和繁殖机能的恢复，提高繁殖率。对管理精细、饲养条件较好且对羔羊进行早期补饲的养殖户也可在羔羊 2 月龄以内进行断奶。断奶时为减轻断奶对羔羊的应激，羔羊最好留在原圈，将母羊移到其他圈饲养，不再合群，经过 $4 \sim 5$ 天断奶即可成功。在羔羊哺乳期间要注意棚圈卫生，严格消毒，要特别注意羔羊高发疾病口炎、肺炎、肠胃炎、脐带炎和羔羊痢疾的预防和治疗。

对不留作种用的公羔一般在出生后半个月内去势。肉杂公羊断奶后进行强度育肥的，可不去势，有利于提高羔羊的增重速度和育肥效果。

第四节　育成羊的饲养管理

育成羊是指羔羊从断奶后到第一次配种的公、母羊，时间 $2 \sim 18$ 月龄。其特点是生长发育较快，营养物质需要量大，如果此期营养不良，就会显著地影响到生长发育，造成肉羊被毛稀疏、品质不良、性成熟和体成熟推迟，并不能按时配种，甚至失去种用价值。可以说育成羊是羊群的未来，其培育质量如何，是羊群整体面貌能否尽快转变的关键。在生产中一般将育成期分为两个阶段，即育成前期（2～8月龄）和育成后期（9～18月龄）。

育成前期：这时期是羔羊生长发育较快的时期，尤其是断奶不久的羔羊，瘤胃容积有限且机能不完善，对粗饲料的利用能力较弱，这一阶段饲养的好坏，将直接影响羊的体格大小、成年后的生产性能和整个羊群的品质。育成前期羊的日粮应以精料为主，配合饲喂优质苜蓿、青干草和青绿多汁饲料，日粮的粗纤维含量不高于17%为宜，应以补饲为主，放牧为辅。日粮中粗饲料的比例不超过50%。

育成后期：这时羊的瘤胃消化机能发育完善，可以采食大量的牧草和农作物秸秆，但身体仍处于发育之中，可以放牧为主结合补饲少量的混合精料或优质青干草以降低饲养成本。日粮中粗饲料的比例不低于60%。

分群：羔羊断奶以后，要按性别、大小、强弱情况分群，加强补饲，按饲养标准采取不同的饲养方案，按月抽测体重，根据增重情况调整饲养方案。

第九章 肉羊的营养需要与日粮配方

营养需要是指动物在最适宜环境条件下，正常、健康生长或达到理想生产成绩对各种营养物质的最低需要量。营养需要量是一个群体平均值，不包括一切可能增加需要量而设定的保险系数。它因动物的种类、年龄、性别、生理状态、生产目的及生产性能的不同而不同。为使家畜达到最佳的生产效率，经过多次实践和研究，对不同种类、年龄、性别、体重、生理状况、生产目的的家畜都制定了饲养标准，制定这种标准的目的是为了使营养物质定额，具有更广泛的参考意义。因为在最适宜的环境条件下，同品种或同种动物在不同地区或不同国家对特定营养物质需要量没有明显差异，这样就使营养需要量在世界范围内可以相互借用和参考。它是养殖场在生产上为家畜配合饲料、合理搭配饲料的指南。

第一节 肉羊的营养需要

肉羊的营养需要主要包括维持需要和生产需要（包括妊娠需要、泌乳需要和生长需要）。营养物质包括干物质、能量、蛋白质、矿物质及维生素等。

一、维持需要

肉羊处于不进行生产，健康状况正常，体重、体质不变时的休闲状况下，用于维持体温，支持状态，维持呼吸、循环与酶系统的正常活动的营养需要，称为维持需要或维持营养需要。

二、生产需要

肉羊消化吸收的营养物质除去用于维持需要，其余部分则用于生产需要。肉羊的生产需要分为妊娠、泌乳、生长需要几种。

（一）妊娠需要

妊娠母羊的营养需要，根据母羊妊娠期间的生理变化特点，即妊娠母羊子宫及其内容物增长、胎儿的生长发育和母羊本身营养物质能量的沉积等来确定。其所需营养物质除维持本身需要外，还要满足胚胎生长发育和子宫、乳腺增长的需要。母羊在妊娠期对饲料营养物质的利用率明显高于空怀期，在低营养水平下尤为显著。据试验：妊娠母羊对能量和蛋白质的利用率，在高营养水平下，比空怀母羊分别提高 9.2% 和 6.4%，而在低营养水平下则分别提高 18.1% 和 12.9%。但是怀孕期间的营养水平过高或过低，都对母羊繁殖性能有影响，特别是过高的能量水平，对繁殖有害无益。

（二）泌乳需要

泌乳是所有哺乳动物特有的机能、共同的生物学特性。母羊在泌乳期间需要把很大一部分营养物质用于乳汁的合成，确定这部分营养物质需要量的基本依据是泌乳量和乳的营养成分。母羊的泌乳量在整个泌乳周期不是恒定不变的，而是明显地呈抛物线状变化的。即分娩后泌乳量逐渐升高，泌乳的第 18～25 天位于泌乳高峰期，到 40 天以后泌乳量逐渐下降。即使此时供给高营养水平饲料，泌乳量仍急剧下降。母羊乳汁营养成分也随着泌乳阶段而变化，初乳中各种营养成分显著高于常乳。常乳中脂肪、蛋白质和水分含量随泌乳阶段呈增高趋势，但乳糖则呈下降趋势。

另外，母羊泌乳期间，其泌乳量和乳汁营养成分的变化与羔羊生长发育规律也是相一致的。例如，在 2 周龄前，羔羊多以母乳为主，母羊泌乳量随羔羊增长、吃奶量增加而增加；5 周龄开始，羔羊已从消化乳汁过渡到消化饲料，可从饲料中获取部分营养来源，于是母羊泌乳量也开始下降。母羊泌乳变化和羔羊生长发育规律是合理提供泌乳母羊营养的依据。

（三）生长需要

育成羊是指断奶到体成熟阶段的羊。从羊的生产和经济角度来看，育成羊的营养供给在于充分发挥其生长优势，为产肉及以后的繁殖奠定基础。因此，要根据育成羊生长、肥育的一般规律，充分利用育成羊早期增重快的特点，供给营养价值完善的日粮。

三、肉羊对各营养物质的需要

（一）干物质

干物质（DM）是指各种绝干物质固形饲料养分需要量的总称，一般来说用干物质采食量（DMI）表示。肉羊的干物质采食量一般为体重的 3% ~ 5%。

（二）能量

能量是动物赖以生存和进行生命活动的基础。在肉羊生产中，能量是基础营养之一，能量水平是影响肉羊生产力的重要因素。肉羊体内各种生理活动都需要能量，如果缺乏能量，将使羊生长缓慢，体组织受损，生产性能降低。羊体所需的能量来源于采食的饲料，主要是饲料中的 3 种有机物质，即碳水化合物、脂肪和蛋白质。其中，碳水化合物是能量的主要来源，富含碳水化合物的饲料如玉米、大麦、高粱等，都含有较高的能量。

总能（GE）是指饲料中能源物质在弹式测热计中完全燃烧，彻底氧化后，以热的形式释放出来的能量。弹式测热计是具有双层金属壁的容器，夹壁中装有水隔热。将样品置于氧弹坩埚中，充入一定压力的氧气，通电使样品充分燃烧。燃烧产生的热量通过弹壁传出使周围水温升高，根据水温变化即可计算出样品的含热量。

1. 消化能（DE）

动物采食饲料的总能减去未被消化以粪形式排出的饲料能量，剩余的能量称为该饲料的消化能，即消化能＝总能－粪能。由于动物粪便中混有微生物及其产物、肠道分泌物及脱落细胞，在计算消化能时，将它们都作为未被消化的饲料能量减去，这种方法测得的消化能称为表观消化能（ADE），在粪中扣除非饲料来源能称可消化能。从粪中扣除非饲料来源的那部分能量，测得的消化能称为真消化能（TDE）。

2. 代谢能（ME）

饲料的代谢能（ME），是指食入的饲料总能减去粪能、尿能及消化道气体的能量后的剩余能量，即食入饲料中能被动物体吸收和利用的营养物质的能量，又称表观代谢能（AME）。猪消化道内气体能损失为消化能的 0.5% ~ 1%，尿能损失占总能的 2% ~ 3%，一般认为代谢能是消化能的 96%，变动范围在 94% ~ 97%。

3. 净能（NE）

饲料净能（NE）指饲料中用于动物维持生命和生产产品的能量，是指饲料的代谢能扣去饲料在体内的热增耗（HI）剩余的那部分能量。

热增耗（HI）是绝食动物饲给饲粮后短时间内，体内产热高于绝食代谢产热的那部分热量，主要是在消化和代谢过程中能量消耗时释放的热量。

饲料净能（NE），按照它在体内的作用分为维持净能和生产净能。维持净能（NEm）指饲料中用于维持生命活动和运动所必需的能量，即机体器官必需的代谢能。如组织的修补、最少肌肉运动做功和在冷环境下维持体温恒定的那部分能量。这部分能量最终以热的形式散失掉。生产净能（NEp）指的是饲料中用于合成产品或沉积到产品中的那部分能量，其中也包括用于劳役做功所需的那部分能量。

育成羊：能量需要量 = 维持 + 生长

妊娠羊：能量需要量 = 维持 + 妊娠增重

其中妊娠增重等于母体组织增长加上子宫内容物生长。

泌乳羊：能量需要量 = 维持 + 泌乳（成年）

青年泌乳羊：能量需要量 = 维持 + 泌乳 + 生长

一般情况下，羊能自动调节采食量以满足其对能量的需要。但是，如果粗饲料的品质差的情况下，也需要补充足够的精料来满足肉羊的需要量。若日粮能量过高，谷物饲料比例过高，则会出现大量易消化的碳水化合物，引起消化紊乱，甚至发生消化道疾病。同时，日粮中能量水平偏高，肉羊会因脂肪沉积过多而造成过肥，影响公、母羊的繁殖机能。

肉羊对能量的需要量与体重、年龄、生长及日粮中能量与蛋白质的比例有关外，还随生活环境（温度、湿度、风速等）、活动程度、肥育、生理状况等因素而变化，一般放牧羊比舍饲羊消耗热能多，冬季较夏季多耗热能 70% ~ 100%；哺乳双羔的母羊需要量一般要高出维持需要量的 1.7 ~ 1.9 倍。

能量过高对肉羊生产成绩也不利，要掌握控制方法，限量饲喂，限制采食时间，增加粗饲料比例等。

（三）蛋白质

蛋白质是由多种氨基酸组成的，是生命的物质基础，没有蛋白质就没有生命。因此，它是与生命及各种形式的生命活动紧密联系在一起的物质。机体中的每一个细胞和所有重要组成部分都有蛋白质参与。动物对蛋白质的需要也就是对氨基酸的需要。

在肉羊生产中，肉羊饲料中的蛋白质含量是以粗蛋白来计算的。肉羊对粗蛋白的数量和质量要求并不严格，因为羊瘤胃微生物能利用非蛋白氮合成菌体蛋白，为身体需要提供一部分氨基酸，但数量有限，0.6%以上的蛋白质必需从饲料中获得。因此，合理供给蛋白质，对于提高饲料利用率和激发羊的生产性能是很重要的。

（四）矿物质

矿物质元素是动物营养中的一类无机营养素，按必需矿物质元素在体内的含量分成常量元素和微量元素。体内含量大于或等于0.01%的元素为常量元素，包括钙、磷、钠、氯、钾、镁和硫。体内含量小于0.01%的元素为微量元素，包括铁、铜、锌、钴、锰、碘和硒。矿物质的主要功能是形成体组织和细胞，特别是骨骼的主要成分；调节血液和淋巴液渗透压，保证细胞营养；维持血液酸碱平衡，活化酶和激素等，是保证羔羊生长、维持成年羊健康和提高生产性能所不可缺少的营养物质。

肉羊体内矿物质的主要来源是饲料。据测定，豆科牧草中含有丰富的钙，谷物籽实中含有足量的磷。所以，在正常饲养条件下，均可满足钙、磷的需要量。由于植物性饲料中的钠、氯含量很低，因此必须补充食盐。矿物质元素缺乏时会引起神经系统、肌肉运动、食物消化、营养运输、血液凝固、体内酸碱平衡等功能紊乱，影响肉羊的健康生长。

（五）水

水是最便宜的，也是最重要的养分之一，是肉羊体内各器官、组织和产品的重要组成成分。肉羊体的3/4都是水，初生羔羊的机体水含量最高，可达到80%。水在羊体内具有多种功能，在机体代谢过程中，肉羊对饲料的采食，食糜的输送，养分的消化、吸收、转化、分解与合成以及粪便的排出，没有水的参与是不能完成的。水还有调节体温的作用，也是治疗疾病与发挥药效的调节剂。

试验证明，缺水将会严重影响肉羊的健康和生产性能。缺水初期，食欲明显减退，随着失水增多，干渴感加重，食欲完全废绝，导致消化紊乱，机体抗病力和免疫力减弱。缺水会导致体组织中的脂肪和蛋白质分解加剧，氯、钠和钾离子排出量增加。缺水引起机体代谢受阻，饲料利用率降低。肉羊在长途运输中最易造成缺水，这种应激对肉羊不利。长期饥饿的肉羊，若体重损失40%，仍能生存；但若失水10%，则代谢过程就遭到破坏；失水20%即可引起死亡。

一般来说，羔羊和哺乳母羊的需水量最多，这是因为组成羔羊体成分的2/3都是水，羊乳中的大部分都是水。随着羔羊体重的增长，机体的水分含量减少，单位体重的采食量下降，羊的需水量也相对减少。羔羊每千克体重每天需水量随体重增长而减少。许多因素影响羊对水的需要量。如气温、饲粮类型、饲养水平、水的质量、肉羊的大小等都是影响需水量的主要因素。水的质量影响肉羊的饮水量、饲料消耗和健康乃至影响生产。所以，养羊必须保证羊只有优质和充足的饮水。

（六）其他营养元素

其他营养元素主要指营养性饲料添加剂，即在配合饲料中加入的一些微量成分，它具有完善饲料的营养性，提高饲料效率，促进生长和预防疾病，减少饲料在贮存期间营养损失等作用。

肉羊的营养性饲料添加剂主要包括脂溶性维生素 A、维生素 D_3、维生素 E 和维生素 K_3，这些维生素肉羊体内自身不能合成，因此在饲料中需要添加才能满足肉羊的营养需要，但在生产中多采用复合添加剂形式配制。使用维生素添加剂时，应注意其生物学效价与稳定性。在配制添加剂时，对稳定性差的维生素应加大配入量，还应加入抗氧化剂。

羊是一种以放牧为主的家畜，通过放牧去采集各种食物来满足自身的需要。但是在羔羊育肥、羔羊早期断奶时，就必须考虑日粮营养的全价性，提高饲料利用率，防治疾病，促进生长发育，保证肥育效果，改善产品质量。所以，在配制日粮时，必须根据需要合理利用添加剂饲料。

第二节 肉羊的营养标准

营养标准是根据大量饲养试验结果和动物生产实践的经验总结，对各种特定动物所需要的各种营养物质的定额作出的规定，这种系统的营养定额及有关资料统称为饲养标准。它是合理利用饲料、降低饲养成本的依据。但是在生产中使用者不能生搬硬套，要依据肉羊的品种、生产性能和饲养条件等生产实际情况加以科学调整，使之趋于更科学、更合理。

一、绵羊的饲养标准

（一）绵羊生长肥育羔羊每日营养物质需要量

4~20kg 体重阶段生长肥育绵羔羊不同日增重干物质（DMI）和消化能（DE）、代谢能（ME）、粗蛋白质（CP）、钙、总磷、食盐每日营养需要量见表 9-1，对硫、维生素 A、维生素 D、维生素 E、微量元素的日粮添加量见表 9-7。

表 9-1 绵羊生长肥育羔羊每日营养需要量

体重 （kg）	日增重 （kg）	DMI （kg）	DE （MJ）	ME （MJ）	粗蛋白质 （g）	钙 （g）	总磷 （g）	食用盐 （g）
4	0.1	0.12	1.92	1.88	35	0.9	0.5	0.6
4	0.2	0.12	2.8	2.72	62	0.9	0.5	0.6
4	0.3	0.12	3.68	3.56	90	0.9	0.5	0.6
6	0.1	0.13	2.55	2.47	36	1.0	0.5	0.6
6	0.2	0.13	3.43	3.36	62	1.0	0.5	0.6
6	0.3	0.13	4.18	3.77	88	1.0	0.5	0.6

（续表）

体重 （kg）	日增重 （kg）	DMI （kg）	DE （MJ）	ME （MJ）	粗蛋白质 （g）	钙 （g）	总磷 （g）	食用盐 （g）
8	0.1	0.16	3.10	3.01	36	1.3	0.7	0.7
8	0.2	0.16	4.06	3.93	62	1.3	0.7	0.7
8	0.3	0.16	5.02	4.60	88	1.3	0.7	0.7
10	0.1	0.24	3.97	3.60	54	1.4	0.75	1.1
10	0.2	0.24	5.02	4.60	87	1.4	0.75	1.1
10	0.3	0.24	8.82	5.86	121	1.4	0.75	1.1
12	0.1	0.32	4.60	4.14	56	1.5	0.8	1.3
12	0.2	0.32	5.44	5.02	90	1.5	0.8	1.3
12	0.3	0.32	7.11	8.28	122	1.5	0.8	1.3
14	0.1	0.4	5.02	4.60	59	1.8	1.2	1.7
14	0.2	0.4	8.28	5.86	91	1.8	1.2	1.7
14	0.3	0.4	7.53	6.69	123	1.8	1.2	1.7
16	0.1	0.48	5.44	5.02	60	2.2	1.5	2.0
16	0.2	0.48	7.11	8.28	92	2.2	1.5	2.0
16	0.3	0.48	8.37	7.53	124	2.2	1.5	2.0
18	0.1	0.56	8.28	5.86	63	2.5	1.7	2.3
18	0.2	0.56	7.95	7.11	95	2.5	1.7	2.3
18	0.3	0.56	8.79	7.95	127	2.5	1.7	2.3
20	0.1	0.64	7.11	8.28	65	2.9	1.9	2.6
20	0.2	0.64	8.37	7.53	96	2.9	1.9	2.6
20	0.3	0.64	9.62	8.79	128	2.9	1.9	2.6

注：日粮中添加的食盐应符合 GB 5461 中的规定。

（二）绵羊育成母羊每日营养需要量

25～50kg 体重阶段绵羊育成母羊每日干物质进食量和消化能、代谢能、粗蛋白质、钙、磷、食用盐等营养需要量见表9-2，对硫、维生素 A、维生素 D、维生素 E、微量矿物质元素的日粮添加量见表9-7。

表9-2　绵羊育成母羊每日营养需要量

体重 （kg）	日增重 （kg）	DMI （kg）	DE （MJ）	ME （MJ）	粗蛋白质 （g）	钙 （g）	总磷 （g）	食用盐 （g）
25	0	0.8	5.86	4.60	47	3.6	1.8	3.3
25	0.03	0.8	6.70	5.44	69	3.6	1.8	3.3
25	0.06	0.8	7.11	5.86	90	3.6	1.8	3.3
25	0.09	0.8	8.37	6.69	112	3.6	1.8	3.3
30	0	1.0	6.70	5.44	54	4.0	2.0	4.1
30	0.03	1.0	7.95	6.28	75	4.0	2.0	4.1
30	0.06	1.0	8.79	7.11	96	4.0	2.0	4.1
30	0.09	1.0	9.20	7.53	117	4.0	2.0	4.1
35	0	1.2	7.95	6.28	61	4.5	2.3	5.0
35	0.03	1.2	8.79	7.11	82	4.5	2.3	5.0
35	0.06	1.2	9.62	7.95	103	4.5	2.3	5.0
35	0.09	1.2	10.88	8.79	123	4.5	2.3	5.0
40	0	1.4	8.37	6.69	67	4.5	2.3	5.8
40	0.03	1.4	9.62	7.95	88	4.5	2.3	5.8
40	0.06	1.4	10.88	8.79	108	4.5	2.3	5.8
40	0.09	1.4	12.55	10.04	129	4.5	2.3	5.8
45	0	1.5	9.20	8.79	94	5.0	2.5	6.2
45	0.03	1.5	10.88	9.62	114	5.0	2.5	6.2
45	0.06	1.5	11.71	10.88	135	5.0	2.5	6.2
45	0.09	1.5	13.39	12.10	80	5.0	2.5	6.2
50	0	1.6	9.62	7.95	80	5.0	2.5	6.5
50	0.03	1.6	11.30	9.20	100	5.0	2.5	6.5
50	0.06	1.6	13.39	10.88	120	5.0	2.5	6.5
50	0.09	1.6	15.06	12.13	140	5.0	2.5	6.5

注：1. 表中日粮干物质进食量（DMI）、消化能（DE）、代谢能（ME）、粗蛋白质（CP）、钙、总磷、食用盐每日需要量推荐数值参考内蒙古自治区地方标准《细毛羊饲养标准》（DB15/T 30—92）。

2. 日粮中添加的食用盐应符合GB 5461中的规定。

（三）绵羊育成公羊每日营养需要量

20～70kg 体重阶段绵羊育成公羊每日干物质进食量和消化能、代谢能、粗蛋白质、钙、磷、食盐等营养需要量见表 9－3，对硫、维生素 A、维生素 D、维生素 E、微量矿物质元素的日粮添加量见表 9－7。

表 9－3　绵羊育成公羊每日营养需要量

体重 （kg）	日增重 （kg）	DMI （kg）	DE （MJ）	ME （MJ）	粗蛋白质 （g）	钙 （g）	总磷 （g）	食用盐 （g）
20	0.05	0.9	8.17	6.70	95	2.4	1.1	7.6
20	0.10	0.9	9.76	8.00	114	3.3	1.5	7.6
20	0.15	1.0	12.20	10.00	132	4.3	2.0	7.6
25	0.05	1.0	8.78	7.20	105	2.8	1.3	7.6
25	0.10	1.0	10.98	9.00	123	3.7	1.7	7.6
25	0.15	1.1	13.54	11.10	142	4.6	2.1	7.6
30	0.05	1.1	10.37	8.50	114	3.2	1.4	8.6
30	0.10	1.1	12.20	10.00	132	4.1	1.9	8.6
30	0.15	1.2	14.76	12.10	150	5.0	2.3	8.6
35	0.05	1.2	11.34	9.30	122	3.5	1.6	8.6
35	0.10	1.2	13.29	10.90	140	4.5	2.0	8.6
35	0.15	1.3	16.10	13.20	159	5.4	2.5	8.6
40	0.05	1.3	12.44	10.20	130	3.9	1.8	9.6
40	0.10	1.3	14.39	11.80	149	4.8	2.2	9.6
40	0.15	1.3	17.32	14.20	167	5.8	2.6	9.6
45	0.05	1.3	13.54	11.10	138	4.3	1.9	9.6
45	0.10	1.3	15.49	12.70	156	5.3	2.9	9.6
45	0.15	1.4	18.66	15.30	175	6.1	2.8	9.6
50	0.05	1.4	14.39	11.80	146	4.7	2.1	11.0
50	0.10	1.4	16.59	13.60	165	5.6	2.5	11.0
50	0.15	1.5	19.76	16.20	182	6.5	3.0	11.0
55	0.05	1.5	15.37	12.60	153	5.0	2.3	11.0

（续表）

体重 （kg）	日增重 （kg）	DMI （kg）	DE （MJ）	ME （MJ）	粗蛋白质 （g）	钙 （g）	总磷 （g）	食用盐 （g）
55	0.10	1.5	17.68	14.50	172	6.0	2.7	11.0
55	0.15	1.6	20.98	17.20	190	6.9	3.1	11.0
60	0.05	1.6	16.34	13.20	161	5.4	2.4	12.0
60	0.10	1.6	18.78	15.40	179	6.3	2.9	12.0
60	0.15	1.7	22.20	18.20	198	7.3	3.3	12.0
65	0.05	1.7	17.32	14.20	168	5.7	2.6	12.0
65	0.10	1.7	19.88	16.30	187	6.7	3.0	12.0
65	0.15	1.8	23.54	19.30	205	7.6	3.4	12.0
70	0.10	1.8	20.85	17.10	194	7.1	3.2	12.0
70	0.15	1.9	24.76	20.30	212	8.0	3.6	12.0

注：1. 表中日粮干物质进食量（DMI）、消化能（DE）、代谢能（ME）、粗蛋白质（CP）、钙、总磷、食用盐每日需要量推荐数值参考内蒙古自治区地方标准《细毛羊饲养标准》（DB15/T 30—92）。

2. 日粮中添加的食用盐应符合 GB 5461 中的规定。

（四）绵羊育肥期每日营养需要量

20～45kg 体重阶段绵羊育成公羊每日干物质进食量和消化能、代谢能、粗蛋白质、钙、磷、食盐等营养需要量见表9 - 4，对硫、维生素 D、维生素 E、微量矿物质元素的日粮添加量见表9 - 7。

表9 - 4　绵羊育肥期每日营养需要量

体重 （kg）	日增重 （kg）	DMI （kg）	DE （MJ）	ME （MJ）	粗蛋白质 （g）	钙 （g）	总磷 （g）	食用盐 （g）
20	0.10	0.8	9.00	8.40	111	1.9	1.8	7.6
20	0.20	0.9	11.30	9.30	158	2.8	2.4	7.6
20	0.30	1.0	13.60	11.20	183	3.8	3.1	7.6
20	0.45	1.0	15.01	11.82	210	4.6	3.7	7.6

（续表）

体重 （kg）	日增重 （kg）	DMI （kg）	DE （MJ）	ME （MJ）	粗蛋白质 （g）	钙 （g）	总磷 （g）	食用盐 （g）
25	0.10	0.9	10.50	8.60	121	2.2	2.0	7.6
25	0.20	1.0	13.20	13.80	168	3.2	2.7	7.6
25	0.30	1.1	15.80	13.00	191	4.3	3.4	7.6
25	0.45	1.1	17.45	14.35	218	5.4	4.2	7.6
30	0.10	1.0	12.00	9.80	132	2.5	2.2	8.6
30	0.20	1.1	15.00	12.30	178	3.6	3.0	8.6
30	0.30	1.2	18.10	14.80	200	4.8	3.8	8.6
30	0.45	1.2	19.95	16.34	351	6.0	4.6	8.6
35	0.10	1.2	13.40	11.10	141	2.8	2.5	8.6
35	0.20	1.3	16.90	13.80	187	4.0	3.3	8.6
35	0.30	1.3	18.20	16.60	207	5.2	4.1	8.6
35	0.45	1.3	20.19	18.26	133	6.4	5.0	8.6
40	0.10	1.3	14.90	12.20	143	3.1	2.7	9.6
40	0.20	1.3	18.80	15.30	183	4.4	3.6	9.6
40	0.30	1.4	22.60	18.40	204	5.7	4.5	9.6
40	0.45	1.4	24.99	20.30	227	7.0	5.4	9.6
45	0.10	1.4	16.40	13.40	152	3.4	2.9	9.6
45	0.20	1.4	20.60	16.80	192	4.8	3.9	9.6
45	0.30	1.5	24.80	20.30	210	6.2	4.9	9.6
45	0.45	1.5	27.38	22.39	233	7.4	6.0	9.6

注：1. 表中日粮干物质进食量（DMI）、消化能（DE）、代谢能（ME）、粗蛋白质（CP）、钙、总磷、食用盐每日需要量推荐数值参考内蒙古自治区地方标准《细毛羊饲养标准》（DB15/T 30—92）。

2. 日粮中添加的食用盐应符合 GB 5461 中的规定。

（五）绵羊妊娠期每日营养需要量

不同妊娠阶段母羊每日干物质进食量和消化能、代谢能、粗蛋白质、钙、磷、食盐等营养需要量见表 9 - 5，对硫、维生素 A、维生素 D、维生素 E、微量矿物质元素的日粮添加量见

表 9 - 7。

表 9 - 5　妊娠母绵羊每日营养需要量

妊娠阶段	体重（kg）	DMI（kg）	DE（MJ）	ME（MJ）	粗蛋白质（g）	钙（g）	总磷（g）	食用盐（g）
前期 1～3 月	40	1.6	12.55	10.46	116	3.0	2.0	6.6
	45	1.7	12.3	11.49	120	3.1	2.25	7.0
	50	1.8	15.06	12.55	124	3.2	2.5	7.5
	55	1.9	15.53	12.94	128	3.6	2.85	7.9
	60	2.0	15.90	13.39	132	4.0	3.0	8.3
	65	2.1	16.23	13.84	138	4.25	3.25	8.7
	70	2.2	16.74	14.23	141	4.5	3.5	9.1
后期 单羔 4～5 月	40	1.8	15.06	12.55	146	6.0	3.5	7.5
	45	1.9	15.90	13.39	152	6.5	3.7	7.9
	50	2.0	16.74	14.23	159	7.0	3.9	8.3
	55	2.1	17.99	15.06	165	7.5	4.1	8.7
	60	2.2	18.83	15.90	172	8.0	4.3	9.1
	65	2.3	19.66	16.74	180	8.5	4.5	9.5
	70	2.4	20.92	17.57	187	9.0	4.7	9.9
后期 双羔 4～5 月	40	1.8	16.74	14.23	167	7.0	4.0	7.9
	45	1.9	17.99	15.06	176	7.5	4.3	8.3
	50	2.0	19.25	16.32	184	8.0	4.6	8.7
	55	2.1	20.50	17.15	193	8.5	5.0	9.1
	60	2.2	21.76	18.41	203	9.0	5.3	9.5
	65	2.3	22.59	19.25	214	9.5	5.4	9.9
	70	2.4	24.27	20.50	226	10.0	5.6	11.0

注：1. 表中日粮干物质进食量（DMI）、消化能（DE）、代谢能（ME）、粗蛋白质（CP）、钙、总磷、食用盐每日需要量推荐数值参考内蒙古自治区地方标准《细毛羊饲养标准》（DB15/T 30—92）。

2. 日粮中添加的食用盐应符合 GB 5461 中的规定。

（六）绵羊泌乳期每日营养需要量

40～70kg泌乳母羊日粮干物质进食量和消化能、代谢能、粗蛋白质、钙、磷、食盐每日营养需要量见表9－6，对硫、维生素A、维生素D、维生素E、微量矿物质元素的日粮添加量见表9－7。

表9－6　绵羊泌乳期每日营养需要量

体重 （kg）	日泌乳量 （kg）	DMI （kg）	DE （MJ）	ME （MJ）	粗蛋白质 （g）	钙 （g）	总磷 （g）	食用盐 （g）
40	0.2	2.0	12.97	10.46	119	7.0	4.3	8.3
40	0.4	2.0	15.48	12.55	139	7.0	4.3	8.3
40	0.6	2.0	17.99	14.64	157	7.0	4.3	8.3
40	0.8	2.0	20.5	16.74	176	7.0	4.3	8.3
40	1.0	2.0	23.01	18.83	196	7.0	4.3	8.3
40	1.2	2.0	25.94	20.92	216	7.0	4.3	8.3
40	1.4	2.0	28.45	23.01	236	7.0	4.3	8.3
40	1.6	2.0	30.96	25.10	254	7.0	4.3	8.3
40	1.8	2.0	33.47	27.20	274	7.0	4.3	8.3
50	0.2	2.2	15.06	12.13	122	7.5	4.7	9.1
50	0.4	2.2	17.57	14.23	142	7.5	4.7	9.1
50	0.6	2.2	20.08	16.32	162	7.5	4.7	9.1
50	0.8	2.2	22.59	18.41	180	7.5	4.7	9.1
50	1.0	2.2	25.10	20.50	200	7.5	4.7	9.1
50	1.2	2.2	28.03	22.59	219	7.5	4.7	9.1
50	1.4	2.2	30.54	24.69	239	7.5	4.7	9.1
50	1.6	2.2	33.05	26.78	257	7.5	4.7	9.1
50	1.8	2.2	35.56	28.87	277	7.5	4.7	9.1
60	0.2	2.4	16.32	13.39	125	8.0	5.1	9.9
60	0.4	2.4	19.25	15.48	145	8.0	5.1	9.9
60	0.6	2.4	21.76	17.57	165	8.0	5.1	9.9
60	0.8	2.4	24.27	19.66	183	8.0	5.1	9.9

（续表）

体重（kg）	日泌乳量（kg）	DMI（kg）	DE（MJ）	ME（MJ）	粗蛋白质（g）	钙（g）	总磷（g）	食用盐（g）
60	1.0	2.4	26.78	21.76	203	8.0	5.1	9.9
60	1.2	2.4	29.29	23.85	223	8.0	5.1	9.9
60	1.4	2.4	31.8	25.94	241	8.0	5.1	9.9
60	1.6	2.4	34.73	28.03	261	8.0	5.1	9.9
60	1.8	2.4	37.24	30.12	275	8.0	5.1	9.9
70	0.2	2.6	17.99	14.64	129	8.5	5.6	11.0
70	0.4	2.6	20.50	16.70	148	8.5	5.6	11.0
70	0.6	2.6	23.01	18.83	166	8.5	5.6	11.0
70	0.8	2.6	25.94	20.92	183	8.5	5.6	11.0
70	1.0	2.6	28.45	23.01	206	8.5	5.6	11.0
70	1.2	2.6	30.96	25.10	226	8.5	5.6	11.0
70	1.4	2.6	33.89	27.61	244	8.5	5.6	11.0
70	1.6	2.6	36.40	29.71	264	8.5	5.6	11.0
70	1.8	2.6	39.33	31.80	284	8.5	5.6	11.0

注：1. 表中日粮干物质进食量（DMI）、消化能（DE）、代谢能（ME）、粗蛋白质（CP）、钙、总磷、食用盐每日需要量推荐数值参考内蒙古自治区地方标准《细毛羊饲养标准》（DB15/T 30—92）。

2. 日粮中添加的食用盐应符合 GB 5461 中的规定。

（七）肉用绵羊对日粮硫、维生素、微量矿物质元素需要量（表9-7，以干物质为基础）

表9-7 肉用绵羊对日粮硫、维生素、微量矿物质元素需要量

体重阶段	生长羔羊 4~20kg	育成母羊 25~50kg	育成公羊 20~70kg	育肥羊 20~50kg	妊娠母羊 40~70kg	泌乳母羊 40~70kg	最大耐受浓度
硫（g）	0.24~1.2	1.4~2.9	2.8~3.5	2.8~3.5	2.0~3.0	2.5~3.7	—
维生素A（IU）	188~940	1 175~2 350	940~3 290	940~2 350	1 880~3 948	1 880~3 434	—

（续表）

体重阶段	生长羔羊 4～20kg	育成母羊 25～50kg	育成公羊 20～70kg	育肥羊 20～50kg	妊娠母羊 40～70kg	泌乳母羊 40～70kg	最大耐受浓度
维生素 D (IU)	26～132	137～275	111～389	111～278	222～440	222～380	—
维生素 E (IU)	2.4～12.8	12～24	12～29	12～23	18～35	26～34	—
钴(mg/kg)	0.018～0.096	0.12～0.24	0.21～0.33	0.2～0.35	0.27～0.36	0.3～0.39	10
铜(mg/kg)	0.97～5.2	6.5～13	11～18	11～19	16～22	13～18	25
碘(mg/kg)	0.08～0.46	0.58～1.2	1.0～1.6	0.94～1.7	1.3～1.7	1.4～1.9	50
铁(mg/kg)	4.3～23	29～58	50～79	47～83	65～86	72～94	500
锰(mg/kg)	2.2～12	14～29	25～40	23～41	32～44	36～47	1 000
硒(mg/kg)	0.016～0.086	0.11～0.22	0.19～0.30	0.18～0.31	0.24～0.31	0.27～0.35	2
锌(mg/kg)	2.7～14	18～36	50～79	29～52	53～71	59～77	750

注：1. 表中维生素 A、维生素 D、维生素 E 每日需要量数据参考自 NRC（1985），维生素 A 最低需要量：47IU/kg 体重，1mgβ－胡萝卜效价相当于 681IU 维生素 A。维生素 D 需要量：早期断奶羔羊最低量为 5.55IU/kg 体重；其他生产阶段绵羊对维生素 D 的最低需要量为 6.66IU/kg 体重，1IU 维生素 D 相当于 0.025μg 胆钙化醇。维生素 E 需要量：体重低于 20kg 的羔羊对维生素 E 的需要量最低为 20IU/kg 干物质进食量；体重大于 20kg 的各生产阶段绵羊对维生素 E 的最低需要量为 15IU/kg 干物质进食量，1IU 维生素 E 效价相当于 1mgD，L-α-生育酚醋酸酯。

2. 当日粮中钼含量大于 3.0mg/kg 时，铜的添加要在表中推荐值基础上增加 1 倍。

3. 本表参考 NRC（1985）提供的估计数据。

二、肉用山羊的营养标准

（一）山羊羔羊生长育肥每日消化能、代谢能、粗蛋白质、钙、总磷和食盐的营养需要量（表9-8）

表9-8 山羊羔羊生长育肥每日营养需要量

体重 （kg）	日增重 （kg）	DMI （kg）	DE （MJ）	ME （MJ）	粗蛋白质 （g）	钙 （g）	总磷 （g）	食用 盐（g）
2	0.02	0.13	1.08	0.91	11	0.8	0.6	0.7
2	0.04	0.13	1.26	1.06	16	1.6	1.0	0.7
2	0.06	0.13	1.43	1.20	22	2.3	1.5	0.7
4	0.02	0.18	1.93	1.62	16	1.0	0.7	0.9
4	0.04	0.18	2.20	1.85	22	1.7	1.1	0.9
4	0.06	0.18	2.48	2.08	29	2.4	1.6	0.9
4	0.08	0.18	2.76	2.32	35	3.1	2.1	0.9
6	0.04	0.27	3.06	2.51	33	1.8	1.2	1.3
6	0.06	0.27	3.79	3.11	44	2.5	1.7	1.3
6	0.08	0.27	4.54	3.72	55	3.3	2.2	1.3
6	0.10	0.27	5.27	4.32	67	4.0	2.6	1.3
8	0.04	0.33	4.11	3.37	36	2.0	1.3	1.7
8	0.06	0.33	5.18	4.25	47	2.7	1.8	1.7
8	0.08	0.33	6.26	5.13	58	3.4	2.3	1.7
8	0.10	0.33	7.33	6.01	69	4.1	2.7	1.7
10	0.02	0.48	3.73	3.06	27	1.4	0.9	2.4
10	0.04	0.50	5.15	4.22	38	2.1	1.4	2.5
10	0.08	0.54	7.99	6.53	60	3.5	2.3	2.7
10	0.10	0.56	9.36	7.69	72	4.2	2.8	2.8
12	0.02	0.50	4.41	3.62	29	1.5	1.0	2.5
12	0.04	0.52	6.16	5.05	40	2.2	1.5	2.6
12	0.06	0.54	7.90	6.48	52	2.9	2.0	2.7
12	0.08	0.56	9.65	7.91	63	3.7	2.4	2.8

（续表）

体重 (kg)	日增重 (kg)	DMI (kg)	DE (MJ)	ME (MJ)	粗蛋白质 (g)	钙 (g)	总磷 (g)	食用盐 (g)
12	0.10	0.58	11.40	9.35	74	4.4	2.9	2.9
14	0.02	0.52	5.07	4.16	31	1.6	1.1	2.6
14	0.04	0.54	7.16	5.87	43	2.4	1.6	2.7
14	0.06	0.56	9.24	7.58	54	3.1	2.0	2.8
14	0.08	0.58	11.33	9.29	65	3.8	2.5	2.9
14	0.10	0.60	13.40	10.99	76	4.5	3.0	3.0
16	0.02	0.54	5.73	4.70	34	1.8	1.2	2.7
16	0.04	0.56	8.15	6.68	45	2.5	1.7	2.8
16	0.06	0.58	10.56	8.66	56	3.2	2.1	2.9
16	0.08	0.60	12.99	10.65	67	3.9	2.6	3.0
16	0.10	0.62	15.43	12.65	78	4.6	3.1	3.1

注：1. 表中 2~8kg 体重阶段肉用山羊羔羊日粮干物质进食量（DMI）按每千克代谢体重 0.07kg 估算；体重大于 10kg 时，按中国农业科学院畜牧研究所 2003 年提供的如下公式计算获得：DMI = （26.45 × $W^{0.75}$ + 0.99 × ADG）/1 000。

2. 表中代谢能（ME）、粗蛋白质（CP）数值参考杨在宾等（1997）对青山羊数据资料。

（二）15~30kg 体重阶段育肥山羊每日消化能、代谢能、粗蛋白质、钙、总磷和食盐的营养需要量（表 9-9）

表 9-9　山羊育肥期每日营养需要量

体重 (kg)	日增重 (kg)	DMI (kg)	DE (MJ)	ME (MJ)	粗蛋白质 (g)	钙 (g)	总磷 (g)	食盐 (g)
15	0	0.51	5.36	4.40	43	1.0	0.7	2.6
15	0.05	0.56	5.83	4.78	54	2.8	1.9	2.8
15	0.10	0.61	6.29	5.15	64	4.6	3.0	3.1
15	0.15	0.66	6.75	5.54	74	6.4	4.2	3.3
15	0.20	0.71	7.21	5.91	84	8.1	5.4	3.6
20	0	0.56	6.44	5.28	47	1.3	0.9	2.8

（续表）

体重 （kg）	日增重 （kg）	DMI （kg）	DE （MJ）	ME （MJ）	粗蛋白质 （g）	钙 （g）	总磷 （g）	食盐 （g）
20	0.05	0.61	6.91	5.66	57	3.1	2.1	3.1
20	0.10	0.66	7.37	6.04	67	4.9	3.3	3.3
20	0.15	0.71	7.83	6.42	77	6.7	4.5	3.6
20	0.20	0.76	8.29	6.80	87	8.5	5.6	3.8
25	0	0.61	7.46	6.12	50	1.7	1.1	3.0
25	0.05	0.66	7.92	6.49	60	3.5	2.3	3.3
25	0.10	0.71	8.38	6.87	70	5.2	3.5	3.5
25	0.15	0.76	8.84	7.25	81	7.0	4.7	3.8
25	0.20	0.81	9.31	7.63	91	8.8	5.9	4.0
30	0	0.65	8.42	6.90	53	2.0	1.3	3.3
30	0.05	0.70	8.88	7.28	63	3.8	2.5	3.5
30	0.10	0.75	9.35	7.66	74	5.6	3.7	3.8
30	0.15	0.80	9.81	8.04	84	7.4	4.9	4.0
30	0.20	0.85	10.27	8.42	94	9.1	6.1	4.2

注：1. 表中干物质进食量（DMI）、消化能（DE）、代谢能（ME）、粗蛋白质（CP）数值来源于中国农业科学院畜牧所（2003），具体计算公式如下：

DMI，$kg/d = (26.45 \times W^{0.75} + 0.99 \times ADG)/1\,000$

DE，$MJ/d = 4.184 \times (140.61 \times LBW^{0.75} + 2.21 \times ADG + 210.3)/1\,000$

ME，$MJ/d = 4.184 \times (0.475 \times ADG + 95.19) \times LBW^{0.75}/1\,000$

CP，$g/d = 28.86 + 1.905 \times LBW^{0.75} + 0.2024 \times ADG$

以上式中：

DMI——干物质进食量，单位为千克每天（kg/d）

DE——消化能，单位为兆焦每天（MJ/d）

ME——代谢能，单位为兆焦每天（MJ/d）

CP——粗蛋白质，单位为克每天（g/d）

LBW——活体重，单位为kg

ADG——平均日增重，单位为克每天（g/d）

2. 表中钙需要量按表9－12中提供参数估算得到，总磷需要量根据钙磷比为1.5∶1估算获得。

3. 日粮中添加的食用盐应符合GB 5461中的规定。

（三）后备公山羊每日消化能、代谢能、粗蛋白质、钙、总磷和食盐的营养需要量（表9-10）

表9-10 后备公山羊每日营养需要量

体重 （kg）	日增重 （kg）	DMI （kg）	DE （MJ）	ME （MJ）	粗蛋白质 （g）	钙 （g）	总磷 （g）	食用盐 （g）
12	0	0.48	3.78	3.10	24	0.8	0.5	2.4
12	0.02	0.50	4.10	3.36	32	1.5	1.0	2.5
12	0.04	0.52	4.43	3.63	40	2.2	1.5	2.6
12	0.06	0.54	4.74	3.89	49	2.9	2.0	2.7
12	0.08	0.56	5.06	4.15	57	3.7	2.4	2.8
12	0.10	0.58	5.38	4.41	66	4.4	2.9	2.9
15	0	0.51	4.48	3.67	28	1.0	0.7	2.6
15	0.02	0.53	5.28	4.33	36	1.7	1.1	2.7
15	0.04	0.55	6.10	5.00	45	2.4	1.6	2.8
15	0.06	0.57	6.70	4.67	53	3.1	2.1	2.9
15	0.08	0.59	7.72	6.33	61	3.9	2.6	3.0
15	0.10	0.61	8.54	7.00	70	4.6	3.0	3.1
18	0	0.54	5.12	4.20	32	1.2	0.8	2.7
18	0.02	0.56	6.44	5.28	40	1.9	1.3	2.8
18	0.04	0.58	7.74	6.35	49	2.6	1.8	2.9
18	0.06	0.60	9.05	7.42	57	3.3	2.2	3.0
18	0.08	0.62	10.35	8.49	66	4.1	2.7	3.1
18	0.10	0.64	11.66	9.56	74	4.8	3.2	3.2
21	0	0.57	5.76	4.72	36	1.4	0.9	2.9
21	0.02	0.59	7.56	6.20	44	2.1	1.4	3.0
21	0.04	0.61	9.35	7.67	53	2.8	1.9	3.1
21	0.06	0.63	11.16	9.15	61	3.5	2.4	3.2
21	0.08	0.65	12.96	10.63	70	4.3	2.8	3.3
21	0.10	0.67	14.76	12.10	78	5.0	3.3	3.4
24	0	0.60	6.37	5.22	40	1.6	1.1	3.0
24	0.02	0.62	8.66	7.10	48	2.3	1.5	3.1
24	0.04	0.64	10.95	8.98	56	3.0	2.0	3.2
24	0.06	0.66	13.27	10.88	65	3.7	2.5	3.3
24	0.08	0.68	15.54	12.74	73	4.5	3.0	3.4
24	0.10	0.70	17.83	14.62	82	5.2	3.4	3.5

注：日粮中添加的食用盐应符合 GB 5461 中的规定。

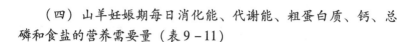

（四）山羊妊娠期每日消化能、代谢能、粗蛋白质、钙、总磷和食盐的营养需要量（表9-11）

表9-11 山羊妊娠期每日营养需要量

妊娠阶段	体重（kg）	DMI（kg）	DE（MJ）	ME（MJ）	粗蛋白质（g）	钙（g）	总磷（g）	食用盐（g）
空怀期	10	0.39	3.37	2.76	34	4.5	3.0	2.0
	15	0.53	4.54	3.72	43	4.8	3.2	2.7
	20	0.66	5.62	4.61	52	5.2	3.4	3.3
	25	0.78	6.63	5.44	60	5.5	3.7	3.9
	30	0.90	7.59	6.22	67	5.8	3.9	4.5
1~90天	10	0.39	4.80	3.94	55	4.5	3.0	2.0
	15	0.53	6.82	5.59	65	4.8	3.2	2.7
	20	0.66	8.72	7.15	73	5.2	3.4	3.3
	25	0.78	10.56	8.66	81	5.5	3.7	3.9
	30	0.90	12.34	10.12	89	5.8	3.9	4.5
91~120天	15	0.53	7.55	6.19	97	4.8	3.2	2.7
	20	0.66	9.51	7.8	105	5.2	3.4	3.3
	25	0.78	11.39	9.34	113	5.5	3.7	3.9
	30	0.90	13.20	10.82	121	5.8	3.9	4.5
120天以上	15	0.53	8.54	7.00	124	4.8	3.2	2.7
	20	0.66	10.54	8.64	132	5.2	3.4	3.3
	25	0.78	12.43	10.19	140	5.5	3.7	3.9
	30	0.90	14.27	11.70	148	5.8	3.9	4.5

注：日粮中添加的食用盐应符合GB 5461中的规定。

（五）山羊对常量矿物质元素每日营养需要量（表9-12）

表9-12 山羊对常量矿物质元素每日营养需要量参数

常量元素	维持（mg/kg体重）	妊娠（g/kg胎儿）	泌乳（g/kg产奶）	生长（g/kg）	吸收率（%）
钙 Ca	20	11.5	1.25	10.7	30
总磷 P	30	6.6	1.0	6.0	65

（续表）

常量元素	维持 （mg/kg 体重）	妊娠 （g/kg 胎儿）	泌乳 （g/kg 产奶）	生长 （g/kg）	吸收率 （%）
镁 Mg	3.5	0.3	0.14	0.4	20
钾 K	50	2.1	2.1	2.4	90
钠 Na	15	1.7	0.4	1.6	80
硫 S	0.16% ~0.32%（以进食日粮干物质为基础）				—

注：1. 表中参数参考 Kessler（1991）和 Haenlein（1987）资料信息。

2. 表中"—"表示暂无此项数据。

（六）山羊泌乳前期每日消化能、代谢能、粗蛋白质、钙、总磷和食用盐的营养需要量（表9－13）

表9－13　山羊泌乳前期每日营养需要量

体重 （kg）	泌乳量 （kg）	DMI （kg）	DE （MJ）	ME （MJ）	粗蛋白质 （g）	钙 （g）	总磷 （g）	食用盐 （g）
10	0	0.39	3.12	2.56	24	0.7	0.4	2.0
10	0.50	0.39	5.73	4.70	73	2.8	1.8	2.0
10	0.75	0.39	7.04	5.77	97	3.8	2.5	2.0
10	1.00	0.39	8.34	6.84	122	4.8	3.2	2.0
10	1.25	0.39	9.65	7.91	146	5.9	3.9	2.0
10	1.50	0.39	10.95	8.98	170	6.9	4.6	2.0
15	0	0.53	4.24	3.48	33	1.0	0.7	2.7
15	0.50	0.53	6.84	5.61	81	3.1	2.1	2.7
15	0.75	0.53	8.15	6.68	106	4.1	2.8	2.7
15	1.00	0.53	9.45	7.75	130	5.2	3.4	2.7
15	1.25	0.53	10.76	8.82	154	6.2	4.1	2.7
15	1.50	0.53	12.06	9.89	179	7.3	4.8	2.7
20	0	0.66	5.26	4.31	40	1.3	0.9	3.3
20	0.50	0.66	7.87	6.45	89	3.4	2.3	3.3
20	0.75	0.66	9.17	7.52	114	4.5	3.0	3.3
20	1.00	0.66	10.48	8.59	138	5.5	3.7	3.3

（续表）

体重 （kg）	泌乳量 （kg）	DMI （kg）	DE （MJ）	ME （MJ）	粗蛋白质 （g）	钙 （g）	总磷 （g）	食用盐 （g）
20	1.25	0.66	11.78	9.66	162	6.5	4.4	3.3
20	1.50	0.66	13.09	10.73	187	7.6	5.1	3.3
25	0	0.78	6.22	50	48	1.7	1.1	3.9
25	0.50	0.78	8.83	7.24	97	3.8	2.5	3.9
25	0.75	0.78	10.13	8.31	121	4.8	3.2	3.9
25	1.00	0.78	11.44	9.38	145	5.8	3.9	3.9
25	1.25	0.78	12.73	10.44	170	6.9	4.6	3.9
25	1.50	0.78	14.04	11.51	194	7.9	5.3	3.9
30	0	0.90	6.70	5.49	55	2.0	1.3	4.5
30	0.50	0.90	9.73	7.98	104	4.1	2.7	4.5
30	0.75	0.90	11.04	9.05	128	5.1	3.4	4.5
30	1.00	0.90	12.34	10.12	152	6.2	4.1	4.5
30	1.25	0.90	13.65	11.19	177	7.2	4.8	4.5
30	1.50	0.90	14.95	12.26	201	8.3	5.5	4.5

注：1. 泌乳前期指泌乳第 1 天至第 30 天。

2. 日粮中添加的食用盐应符合 GB 5461 中的规定。

（七）山羊泌乳后期每日消化能、代谢能、粗蛋白质、钙、总磷和食用盐的营养需要量（表9－14）

表9－14　山羊泌乳后期每日营养需要量

体重 （kg）	泌乳量 （kg）	DMI （kg）	DE （MJ）	ME （MJ）	粗蛋白质 （g）	钙 （g）	总磷 （g）	食用盐 （g）
10	0.15	0.39	4.67	3.83	48	1.3	0.9	2.0
10	0.25	0.39	5.30	4.35	65	1.7	1.1	2.0
10	0.5	0.39	6.90	5.66	108	2.8	1.8	2.0
10	0.75	0.39	8.50	6.97	151	3.8	2.5	2.0
10	1.00	0.39	10.10	8.28	194	4.8	3.2	2.0
15	0.15	0.53	5.99	4.91	55	1.6	1.1	2.7

（续表）

体重 （kg）	泌乳量 （kg）	DMI （kg）	DE （MJ）	ME （MJ）	粗蛋白质 （g）	钙 （g）	总磷 （g）	食用盐 （g）
15	0.25	0.53	6.62	5.43	73	2.0	1.4	2.7
15	0.5	0.53	8.22	6.74	116	3.1	2.1	2.7
15	0.75	0.53	9.82	8.05	159	4.1	2.8	2.7
15	1.00	0.53	11.41	9.36	201	5.2	3.4	2.7
20	0.15	0.66	7.20	5.90	63	2.0	1.3	3.3
20	0.25	0.66	7.84	6.43	80	2.4	1.6	3.3
20	0.5	0.66	9.44	7.74	123	3.4	2.3	3.3
20	0.75	0.66	11.04	9.05	166	4.5	3.0	3.3
20	1.00	0.66	12.63	10.36	209	5.5	3.7	3.3
25	0.15	0.78	8.34	6.84	69	2.3	1.5	3.9
25	0.25	0.78	8.98	7.36	87	2.7	1.8	3.9
25	0.5	0.78	10.57	8.67	129	3.8	2.5	3.9
25	0.75	0.78	12.17	9.98	172	4.8	3.2	3.9
25	1.00	0.78	13.77	11.29	215	5.8	3.9	3.9
30		0.90	8.46	6.94	50	2.0	1.3	4.5
30	0.15	0.90	9.41	7.72	76	2.6	1.8	4.5
30	0.25	0.90	10.06	8.25	93	3.0	2.0	4.5
30	0.5	0.90	11.66	9.56	136	4.1	2.7	4.5
30	0.75	0.90	13.24	10.86	179	5.1	3.4	4.5
30	1.00	0.90	14.85	12.18	222	6.2	4.1	4.5

注：泌乳后期指泌乳第 30 天至第 70 天。

（八）山羊对微量矿物质元素每日营养需要量（表 9 – 15）

表 9 – 15　山羊对微量矿物质元素每日营养需要量

微量元素	推荐量（mg/kg）
铁 Fe	30 ~ 40
铜 Cu	10 ~ 20
钴 Co	0.11 ~ 0.2

（续表）

微量元素	推荐量（mg/kg）
碘 I	0.15~2.0
锰 Me	60~120
锌 Zn	50~80
硒 Se	0.05

注：表中推荐数值参考 AFRC（1998），以进食干物质为基础。

第三节 肉羊饲料的种类与营养成分

饲料是肉羊赖以生存和生产的物质基础，肉羊必须不断地从外界获取营养物质，补充能量，才能维持正常的生命活动和生产性能。肉羊使用的饲料按其来源、性质和营养特性可分为青绿饲料、青贮饲料、粗饲料、能量饲料、蛋白质饲料、矿物质和饲料添加剂等。按照肉羊的营养需要，对饲料进行科学合理的加工、调制，以满足肉羊的营养需要，提高肉羊的养殖效益。

一、肉羊常用的饲料种类

（一）青绿饲料

青绿饲料是指水分含量高于 60% 的青绿多汁植物性饲料，主要包括天然牧草、栽培牧草、农作物的茎叶和藤蔓、各种杂草和菜叶、能被利用的灌木嫩枝叶、水生植物及块根、块茎类饲料等。

1. 营养特点

青绿饲料，色泽鲜绿，柔软多汁，干物质少，水分含量一般为 75%~95%，可以直接大量喂羊。每千克青绿饲料消化能为 1.26~2.51MJ，青绿饲料的氨基酸组成比较完全，赖氨酸、色氨酸和精氨酸含量较多，营养价值较高。禾本科和菜叶类含粗蛋白质为 1.5% ~3%，豆科青草为 3.2% ~4.4%。幼嫩青绿饲料含粗纤维、脂肪少，矿物质含量占青绿饲料重的 1.5% ~2.5%。青绿饲料最大特点：含胡萝卜素多，每千克含 50~80mg；B 族维生素、维生素 C、维生素 E 和维生素 K 的含量较丰富。羊对青绿饲料的消化率达到 75% ~85%，粗蛋白质的消化率可达 80%。青绿饲料含水多，吃青绿饲料要适当给一些精料。

2. 青绿饲料的合理利用

青绿饲料是肉羊不可或缺的优良饲料，在羊的生长期可以用青绿饲料作唯一的饲料来源，但在育肥后期要加入精料补充料。青绿饲料虽然营养价值高，但有些种类在使用时要注意。像萝卜叶、白菜叶等叶菜类含有硝酸盐，堆放时间过长腐败菌能把硝酸盐还原为亚硝酸盐而引起羊中毒。

（二）青贮饲料

青贮饲料是利用青绿饲料（切碎）装在青贮窖、塔或袋中密闭，经过乳酸发酵或化学制剂调制而可以长期贮存的一种饲料，如青贮牧草、青贮玉米秸等。青贮饲料是羊的一种优良青绿多汁饲料。

青贮饲料基本上保持了青绿饲料的青鲜状态，较多的保存青饲料的营养物质。经过青贮的饲料，其养分的损失一般不超过10%，优质的青贮饲料养分只降低 3% 左右，青贮饲料能有效地保存蛋白质和维生素（胡萝卜素）。青贮饲料由于乳酸菌发酵，可使粗硬的秸秆和野草茎秆质地柔软，多汁芳香，含水量可保持在 70% 左右。青贮饲料不仅多汁，而且适口性好，易消化。因此，在青饲料生长旺盛季节，大力搞好青贮，能够解决冬季枯草期维生素饲料的不足。

（三）能量饲料

能量饲料指干物质中粗纤维含量在 18% 以下，粗蛋白质含量在 20% 以下，每千克消化能在 10.46MJ 以上的饲料均属于能量饲料。目前，市场上普遍使用的能量饲料有玉米、小麦、大麦和麸皮。这类饲料适口性好，消化能含量及消化利用率较高。不足之处就是蛋白质含量低，常用的能量饲料有以下几种。

1. 玉米

玉米是羊的主要能量饲料来源，是谷类子实饲料中能量含量较高的原料之一。它适口性好，易于消化吸收，而且含有较多的不饱和脂肪酸、亚油酸。所以，羊日粮中（专指精饲料）如果配入50%的玉米，就可以满足其必需脂肪酸的需要。玉米的蛋白质含量偏低，一般平均含粗蛋白为8.6%，比其他谷物（除稻谷外）都低，蛋白质氨基酸比例不平衡，赖氨酸和色氨酸含量非常低。玉米和豆粕搭配后，可在一定程度上弥补玉米中氨基酸的不足。

玉米在储藏过程中极易发生霉变，霉变后产生的黄曲霉毒素，其毒性大，饲喂后易造成羊中毒，特别是怀孕母羊，如果饲喂了发霉的玉米容易引起流产，因此在生产中应引起高度重视。

2. 小麦

小麦的能量含量略低于玉米，蛋白质含量高于玉米，赖氨酸含量较高，但苏氨酸含量较低；粗纤维含量高于玉米，粗脂肪含量低于玉米。因此，如果羊日粮中配入较多的小麦，添加淀粉多糖酶制剂是必要的。据研究，小麦代替20%的玉米时，饲喂肉羊时不影响生长性能。

3. 大麦

大麦由于适应性广、抗逆性强而在世界各地栽培。我国大麦种植面积大，几乎遍及全国，但主要产于长江流域。大麦作为饲料其价格比玉米低，饲用价值相当于玉米的95%，淀粉含量略低于玉米，粗蛋白质比玉米高10%，尤其是可消化蛋白明显高于玉米。从氨基酸组成看，赖氨酸几乎是玉米的2倍，蛋氨酸略高于玉米，与家畜生长发育密切相关的烟酸含量比玉米高2倍多。利用氨基酸平衡原理，用大麦替代部分玉米和豆饼饲喂畜禽，可减少蛋白质饲料的用量。但大麦与玉米相比，饲料利用率低，其原因是大麦中非淀粉多糖的含量高。大麦的非淀粉多糖不仅不能被动物的内源酶所消化，而且通过增加肠内容物的黏性和减少动物的采食量降低动物的生长性能，从而降低大麦的饲用价值。且大麦常因储藏不当被赤霉真菌感染，霉变的大麦不宜做羊饲料。

在羊的日粮中，大麦的添加量一般为20%，对于育成羊最好不要超过10%（专指精饲料）。

4. 麸皮

麸皮是小麦加工成面粉后的副产品，是肉羊必备的能量饲料之一。小麦麸皮具有适口性好、质地蓬松和倾泻作用，是羊的良好饲料。麦麸与玉米相比，能量较低，蛋白质含量较高，钙、磷含量高，而必需氨基酸含量不足，却是B族维生素的良好来源。

（四）蛋白质饲料

蛋白质饲料是指干物质中粗纤维含量在18%以下，粗蛋白质含量大于或等于20%的饲料为蛋白质饲料。目前，市场上肉羊普遍使用的蛋白质饲料有豆粕（饼）、花生粕（饼）、棉籽粕（饼）、菜籽粕（饼）、亚麻籽粕（饼）、芝麻粕（饼）、肉骨粉等。蛋白质的基本结构单位是氨基酸，对羊既重要又是不可替代的营养物质。羊的肌肉、神经、结缔组织、皮肤、内脏、皮毛、蹄壳及血液等均以蛋白质为基本组成成分。

1. 豆粕（饼）

豆粕（饼）是大豆压榨或浸提后的副产品，也是国内外最常用的一种植物性蛋白质饲料。一般粗蛋白含量在40%～46%，赖氨酸可达到2.5%，色氨酸达到0.1%，蛋氨酸达到0.38%，胱氨酸达到0.25%，富含铁、锌等微量元素。

豆粕（饼）中含有抗营养因子，如抗胰蛋白酶因子、尿素酶等，直接影响动物对营养物质的吸收利用。但大豆经过加热处理后，可破坏大部分的抗营养因子，并且香味浓郁、适口性好，消化吸收率会大大提高，豆粕（饼）是肉羊生产的最理想饲料之一。

2. 花生粕（饼）

花生粕（饼）是花生仁经压榨提炼油料后的产品，也是羊重要的蛋白质饲料来源之一。由于花生的产地和榨油方法不同，所含的营养成分也不同。压榨过的粗蛋白含量约44%，浸提粕含粗蛋白约47%，其蛋白含量比豆粕约高3%，但从蛋白质的质量分析，则不如豆粕，如赖氨酸含量仅为豆粕的一半；除精氨酸含量较高外，其他必需氨基酸的含量均低于豆粕，精氨酸含量高达5.2%。由于精氨酸与赖氨酸是一对具有拮抗关系的氨基酸，二者在吸收和肾脏重吸收过程中存在着竞争，因而加剧了赖氨酸的不足。因此，花生粕（饼）适合与含赖氨酸高的玉米和鱼粉等饲料搭配使用，必要时还要补充赖氨酸。但是花生是高脂肪蛋白质饲料，储存比较困难，在高温、高湿地区极易产生黄曲霉菌，因此，花生饼（粕）不易长期储存。所以，在肉羊日常生产过程中，常常不使用花生粕（饼）。

3. 棉籽粕（饼）

棉籽粕（饼）是棉籽榨油后的副产物，压榨提取油后的称饼，预榨浸提或直接浸提后的称粕。一般粗蛋白含量为32% ~ 38%，脱脂、脱皮的达到40%以上，仅次于豆粕（饼），是肉羊的一种重要的蛋白来源。

棉籽粕（饼）的蛋白质组成不太理想，精氨酸含量高达3.6% ~ 3.8%，而赖氨酸含量仅有1.3% ~ 1.5%，只有大豆粕（饼）的一半。蛋氨酸也不足，约0.4%。同时，赖氨酸的利用率较差，故赖氨酸是棉籽粕（饼）的第一限制性氨基酸。维生素含量受加热损失较多。矿物质中含磷多，但多属植酸磷，利用率低。棉籽中含有对动物有害的棉酚及环丙烯脂肪酸，尤其是棉酚的危害很大。棉酚主要存在于棉仁色素腺体内，是一种不溶于水而溶于有机溶剂的黄褐色聚酚色素。尤其是以游离形式存在的棉酚对动物毒性较大，单胃动物过量摄取或摄取时间较长，可导致生长迟缓、繁殖性能及生产性能下降，甚至导致死亡。因此饲料中使用的棉粕（饼）一定要经过脱棉酚处理，并且要根据饲喂对象在用量上加以限制。反刍家畜在有优质粗料及多汁青料的情况下，棉籽粕（饼）的用量一般不超过8%。

4. 菜籽粕（饼）

菜籽粕（饼）是油菜籽榨油后的副产品，一般粗蛋白含量为31% ~40%，其中赖氨酸含量为1.0% ~1.8%，微量元素硒、铁、锰、锌含量较高，铜含量低。菜籽粕（饼）含有芥子毒素，具有苦涩味，影响适口性和蛋白质的利用效果；但由于反刍家畜消化系统的特殊性，在有优质粗料及多汁青料的情况下，菜籽饼（粕）一般在日粮中的添加量不超过5%，羔羊和怀孕母羊最好不喂。

5. 单细胞蛋白质饲料

单细胞蛋白质饲料是由某些单细胞有机体所获得的蛋白质，主要包括酵母、细菌、真菌和某些原生物。

饲料酵母，是酵母菌经液态通风培养后干燥制得的产品，它是一种优质的微生物蛋白饲料。其粗蛋白质含量达40% ~50%，除蛋氨酸和胱氨酸含量稍低外，其他必需氨基酸含量都较高，而且还含有酵母菌分泌的消化酶、B 族维生素等生理活性物质。酵母经紫外线照射还含有维生素 D_2。一般来讲，其营养价值界于动物蛋白质饲料和优质豆饼（粕）之间。因此是一种很好的蛋白质、维生素补充饲料。

单细胞蛋白饲料营养丰富、蛋白质含量较高，且含有 18 ~20 种氨基酸，组分齐全，富含多种维生素。除此之外，单细胞蛋白饲料的生产具有繁育速度快、生产效率高、占地面积小、不受气候影响等优点。因此，在当今世界蛋白质资源严重不足的情况下，发展单细胞蛋白饲料的生产越来越受到各国的重视。

（五）粗饲料

一般粗纤维含量在18%以上的饲料原料都属于粗饲料。粗饲料消化率低，可利用营养少。羊的消化道特点决定了羊可利用大量的粗饲料。目前，肉羊育肥主要使用的粗饲料有干草（苜蓿草、干青草、稻草粉）、秸秆（玉米秸秆、高粱秸秆）、大豆秧、花生秧及秕壳等。

1. 苜蓿草

苜蓿是苜蓿属植物的通称，俗称金花菜，是一种多年生开花植物，其中最著名的是作为牧草的紫花苜蓿。苜蓿以"牧草之王"著称，不仅产量高，而且草质优良。绿叶的苜蓿干草营养丰富，为牲畜所爱食，含约16%的蛋白质及8%的矿物质。苜蓿含有大量的粗蛋白质、丰富的碳水化合物和B族维生素，维生素C、维生素E及铁等多种微量营养素，适口性强，有能促进肠道蠕动、防止便秘和消化道溃疡的作用。在种羊、怀孕母羊、育肥羊日粮中添加一些苜蓿草粉效果良好。

2. 干草

在秋季将草原上的青草收获后晒干，即获得干草。一般情况下，晒至七成干就收回牧场，否则会失去部分草叶，从而降低干草的营养价值。干草的粗蛋白含量为15%左右，在冬季，干草是肉羊的主要饲料。

3. 花生秧

将花生收获后的秧子晒干即获得干花生秧。但是在晾晒的过程中，要注意叶子的保留。花生秧的粗蛋白含量为12%左右，可以在肉羊饲料中添加适当的比例，以冬天效果最好。

4. 玉米秸

玉米成熟收获后所剩下的秸秆。外皮光滑、坚硬，粗纤维的消化率约为65%，同一株玉米的营养价值上部比下部高，叶片比茎秆的营养价值高。颜色绿黄、叶多的玉米秸秆喂羊效果较好。若经氨化处理，可以提高利用率。

（六）矿物质饲料

矿物质饲料包括铁、铜、锌、锰等微量元素和钙、磷等常量元素。羊的主要饲料是庄稼的秸秆和籽实，植物中无机盐含量相对较低，不能满足羊的营养需要，特别是在现代化饲养条件下，必须额外补充微量元素以达到饲料微量元素的平衡。

1. 微量元素

（1）铁　是动物必需的微量元素之一，为血红蛋白及肌红蛋白、细胞色素A以及某些呼吸酶成分，参与体内氧与二氧化碳的转运，交换和组织呼吸过程。铁与红细胞形成和成熟有关，铁在骨髓造血组织中，进入幼红细胞内，与卟啉结合形成正铁血红素，后者再与球蛋白合成血红蛋白。饲料添加剂最常用的是硫酸亚铁。

（2）铜　铜能促进骨髓生成红细胞，是重要的造血元素之一，与红细胞和血红蛋白的形成有关，并与组织中的过氧化氢酶、细胞色素C和细胞色素氧化酶含量有关。还具催化铁的络合作用和促进蛋氨酸吸收作用。还可有效地防治畜禽贫血、四肢软弱、骨生长不良、关节肿大、骨质疏松、生长发育迟缓、心力衰竭、胃肠机能紊乱等症状。对绵羊还能够提高产毛量和改善毛质量，饲料中常用的铜制剂是硫酸铜。

（3）锌　在畜禽饲料中，常用提供锌元素的化合物是硫酸锌。锌作为动物营养所需的微量元素，是动物体内许多酶、蛋白质、核糖等组成部分。在蛋白质的生物合成和利用中起重要作用。锌在动物体内不仅参与DNA、RNA、蛋白质、糖类及脂类的代谢，且与胰岛素、前列腺素有关。同时与维生素和微量元素有相互作用关系，与铜在动物体内有拮抗作用，过量的钙会阻碍锌的吸收和利用。

（4）锰　饲料中最常用的是硫酸锰。锰是几种酶包括锰特异性的糖基转移酶、磷酸烯醇丙酮酸羧激酶的一个成分，并为正常骨结构所必需，对畜禽的健康起着重要作用。可促进骨骼的生长发育，可改善肌体的造血功能，维持正常的糖代谢和脂肪代谢。因此锰是畜禽必需的微量元素。

（5）硒　饲料中常用提供硒元素的化合物是亚硒酸钠。硒存在于肉羊体细胞中，肝脏、肾脏中硒的含量最高，组织中的含量和日粮中的含量成正比。硒是谷胱甘肽过氧化物酶组成的成分，防止细胞和亚细胞受到过氧化物的危害。在细胞内，维生素E防止过氧化物的形成。硒和维生素E都是抗氧化作用，有相互节省的效应，但高水平维生素E不能完全替代硒的需要。

（6）碘　饲料中常用的化合物是碘化钾或碘酸钙。碘最主要的生理功能是参与甲状腺组成，调节代谢和维持体内热平衡，对繁殖、生长、发育、红细胞生成和血液循环等起调控作用。体内一些特殊蛋白（如皮毛角质蛋白）的代谢和胡萝卜素转变成维生素A都离不开甲状腺素。

2. 常量元素

（1）钙和磷　是畜禽机体的主要构成成分，是动物骨骼的主要成分。饲料中钙和磷的不足或过剩，都会对羔羊的生长造成不良影响，个别情况会造成羔羊瘫痪；过量的钙和磷还会干扰铁、铜、锌、锰、硒和碘等微量元素的代谢。所以，在羊的日粮中需添加钙和磷时应注意钙、磷比例的平衡。目前，常用补充钙和磷的饲料有骨粉、磷酸氢钙、磷酸二氢钙及贝壳粉等。

骨粉：骨粉是各种畜禽的骨骼经过高温处理后，脱脂、烘干和粉碎而制成的颗粒粉末，主要成分为钙和磷。骨粉既能补钙，又能补磷；骨粉中钙的含量是磷含量的 1.5～2.0 倍，是羊补充钙和磷、保持钙和磷比例平衡的好原料。

磷酸氢钙：为结晶状白色粉末，无毒、无味，易溶于稀盐酸、硝酸和醋酸。主要为畜禽配合饲料提供磷、钙等矿物质营养，一般含磷量 18% 以上，含钙 23% 以上。畜禽对磷酸氢钙的消化利用率较高，可加速畜禽生长发育，缩短育肥期，快速增重；能提高畜禽的配种率及成活率，同时具有增强畜禽抗病耐寒能力，对畜禽的软骨症、白痢症、瘫痪症有防治作用。

贝壳粉：由新鲜的蛋壳与贝壳经烘干后磨碎而制成。蛋壳粉中钙的含量在 30% 以上；贝壳粉中钙的含量也在 30% 以上，主要成分为碳酸钙。蛋壳和贝壳粉只能作为钙的补充饲料。

（2）食盐　又称氯化钠，具有补充钠和氯元素的不足、促进唾液分泌、增强食欲的作用。大多数植物性饲料中的含量很少，因此肉羊的饲料中必须添加食盐。饲料中长期缺乏氯和钠元素，会影响羊的食欲，降低饲料利用效率，继而影响羊的生长发育。

羊缺乏食盐时，往往表现舔食羊圈的地面、栏杆等，如果饲料中食盐含量过多，而供水不足，就会造成羊食盐慢性中毒，主要表现为口渴、神经过敏、腹泻、身体虚弱。

（七）其他饲料添加剂

饲料添加剂是指在配合饲料中加入的各种微量成分。它具有完善饲料的营养性，提高饲料效率，促进生长和预防疾病，减少饲料在贮存期间营养损失等作用。

目前，肉羊经常使用的饲料添加剂种类很多。除常量元素与微量元素这类营养性添加剂外，还有非营养性饲料添加剂（如抑菌促生长剂、驱虫保健剂等）；饲料加工保存添加剂（如抗氧化剂、防腐剂等）；肉羊的非营养性添加剂还有肉羊增重剂（最典型的是莫能菌素），能够控制和提高瘤胃发酵效率，从而提高增重速度及饲料转化率；瘤胃调节剂（碳酸氢钠）可使瘤胃 pH 值保持在 6.2～6.8 的范围内，符合瘤胃微生物繁殖的需要，使瘤胃达到最佳的消化机能；抗生素（杆菌肽锌和泰乐菌素等），对细菌具有杀灭作用，从而改善羊体健康，促进生长，提高饲料转化效率，降低生产成本。

　　羊是一种以放牧为主的家畜，通过放牧去采集各种食物来满足自身的需要。但是在羔羊育肥、羔羊早期断奶时，就必须考虑日粮营养的全价性，提高饲料利用率，防治疾病，促进生长发育，保证肥育效果，改善产品质量。所以，在配制日粮时，必须根据需要合理利用添加剂饲料。

二、肉羊饲料原料的营养成分

　　肉羊的饲料来源广，且种类多。经常使用的饲料原料有数十种，表 9－16 是肉羊饲料配制中常见饲料的营养成分。

表 9－16　中国饲料成分及营养价值　　　　（%）

饲料名称	干物质	消化能（MJ/kg）	粗蛋白	粗纤维	钙	磷	有效磷	赖氨酸	蛋氨酸+胱氨酸	苏氨酸	异亮氨酸	精氨酸
胡萝卜秧	12.0	1.09	2.2	2.2	0.38	0.05	0.05	—	—	—	—	—
甘薯藤	13.0	1.13	2.1	2.5	0.20	0.05	0.05	0.08	0.25	0.07	0.07	0.09
苦荬菜	15.0	1.42	3.3	2.7	0.29	0.06	0.06	0.17	0.07	0.11	0.15	0.09
苜蓿	25.0	1.05	2.6	2.6	0.30	0.05	—	—	—	—	—	—
花生秧	25.6	0.84	2.6	9.1	0.21	0.08	—	—	—	—	—	—
青草	29.74	1.42	2.62	8.62	0.03	0.05	—	—	—	—	—	—
大白菜	6.0	0.84	1.4	0.3	0.04	—	—	0.06	0.08	0.06	0.05	0.05
甘薯干	90.0	14.43	3.9	2.3	0.15	0.12	0.12	0.13	0.11	0.15	0.12	0.14
萝卜	7.0	1.00	0.9	0.7	0.05	0.03	0.03	0.36	0.11	0.26	0.26	0.02
马铃薯	22.0	3.26	1.6	0.7	0.02	0.03	0.03	0.36	0.11	0.26	0.26	0.02

（续表）

饲料名称	干物质	消化能（MJ/kg）	粗蛋白	粗纤维	钙	磷	有效磷	赖氨酸	蛋氨酸+胱氨酸	苏氨酸	异亮氨酸	精氨酸
甜菜	15.2	2.05	2.0	1.7	0.06	0.04	0.01	0.03	0.02	0.02	0.02	0.02
青干草	90.8	5.48	8.4	30.8	0.57	0.08	0.08	0.28	0.18	0.33	0.22	0.34
紫云英	90.8	5.90	19.1	29.9	1.50	0.22	0.22	—	—	—	—	—
苜蓿干草	87.9	7.95	20.3	23.2	1.65	0.35	0.35	0.53	0.49	0.42	0.52	0.31
大豆秸粉	88.1	7.99	18.0	16.7	1.97	0.18	0.18	0.31	0.12	1.08	0.25	0.20
玉米秸粉	90.7	6.74	7.2	24.4	0.39	0.23	0.23	0.25	0.28	0.27	0.25	0.34
甘薯藤粉	88.0	5.23	8.4	28.5	1.55	0.11	0.11	0.28	0.29	0.29	0.24	0.25
花生藤粉	87.5	7.41	11.7	21.8	1.89	0.09	0.09	0.40	0.56	0.36	0.34	0.40
玉米	88.4	14.48	8.6	2.0	0.04	0.21	0.07	0.23	0.27	0.31	0.26	0.39
高粱	89.3	13.97	8.7	2.2	0.09	0.28	0.09	0.22	0.25	0.25	0.32	0.35
大麦	88.8	13.18	10.8	4.7	0.12	0.29	0.10	0.42	0.38	0.38	0.39	0.56
小麦	91.8	14.31	12.1	2.4	0.07	0.36	0.12	0.35	0.48	0.35	0.45	0.60
稻谷	90.6	11.72	8.3	8.5	0.07	0.28	0.09	0.31	0.30	0.27	0.28	0.62
小米	86.8	14.02	8.9	1.3	0.05	0.32	0.11	0.58	0.73	0.34	0.28	0.55
燕麦	90.3	12.01	11.6	8.9	0.15	0.33	0.11	0.66	0.24	0.37	0.35	0.71
小麦麸	89.8	11.38	14.2	7.3	0.14	0.06	0.35	0.65	0.74	0.51	0.47	1.07
高粱糠	90.0	13.00	9.3	3.9	0.30	0.44	0.15	0.38	0.39	0.35	0.42	1.36
米糠	90.2	12.64	12.1	9.2	0.14	1.04	0.34	0.56	0.35	0.46	0.49	0.84
大豆	88.0	16.57	37.0	5.1	0.27	0.48	0.16	2.45	1.01	1.53	1.68	3.19
蚕豆	88.0	12.89	24.9	7.5	0.15	0.40	0.13	1.59	0.78	0.90	1.00	2.37
黑豆	88.0	13.18	36.1	6.7	0.24	0.48	0.16	1.89	0.43	1.19	1.54	2.48
豌豆	88.0	13.47	22.6	5.9	0.13	0.48	0.16	1.68	0.68	0.93	0.87	2.41
豆饼	90.6	14.60	43.0	5.7	0.32	0.50	0.17	2.38	0.09	1.87	1.78	2.93
豆粕	92.4	14.52	47.2	5.4	0.32	0.62	0.20	—	—	—	—	—
棉籽饼	92.2	11.80	33.8	15.1	0.31	0.64	0.21	1.29	0.62	1.15	1.00	3.76
棉籽粕	91.0	11.05	41.4	12.9	0.36	1.02	0.34	1.22	0.37	1.29	1.20	3.15
花生饼	90.0	14.48	43.9	5.3	0.25	0.52	0.17	1.61	1.05	—	—	—

（续表）

饲料名称	干物质	消化能（MJ/kg）	粗蛋白	粗纤维	钙	磷	有效磷	赖氨酸	蛋氨酸+胱氨酸	苏氨酸	异亮氨酸	精氨酸
亚麻饼	92.0	12..22	33.1	9.8	0.58	0.77	0.25	1.32	0.80	1.38	1.66	3.25
亚麻粕	89.0	13.10	36.2	0.62	0.82	0.27	—	—	—	—	—	—
葵籽饼	93.8	9.96	28.7	19.8	0.65	0.81	0.27	1.11	1.02	1.16	1.40	2.58
葵籽粕	92.5	9.12	32.1	22.8	0.40	0.84	0.28	0.58	0.66	0.73	0.59	1.93
菜籽饼	88.8	11.46	36.2	10.9	0.85	1.02	0.34	1.41	1.11	1.40	1.36	1.98
菜籽粕	89.8	12.59	41.8	10.2	0.84	0.85	0.28	1.11	1.30	1.55	1.45	1.98
芝麻饼	92.0	13.39	39.2	7.2	2.24	1.19	0.39	0.82	1.18	1.29	1.42	2.38
豆腐渣	10.0	2.05	2.8	1.8	0.05	0.03	0.01	1.23	0.51	0.89	1.07	1.14
粉渣	15.0	2.05	1.8	1.4	0.02	0.02	0.01	0.27	0.27	0.35	0.30	0.31
甜菜渣	12.0	1.13	1.2	2.4	0.06	0.01	0.01	0.05	0.03	0.06	0.05	0.53
醋渣	25.0	2.43	2.4	5.3	0.06	0.03	0.03	0.08	0.54	0.09	0.09	0.11
啤酒糟	25.0	2.68	6.9	3.8	0.09	0.12	0.04	0.18	0.25	0.18	0.22	0.30
酒糟	28.0	3.35	4.9	4.9	0.15	0.17	0.06	0.01	0.01	0.26	0.25	
酱油渣	22.4	2.80	7.1	3.4	0.11	0.03	0.03	0.14	0.10	0.27	0.26	0.24
鱼粉	89.0	15.52	60.5	—	3.91	2.90	2.90	3.91	2.14	2.36	2.24	5.42
肉骨粉	88.5	15.73	69.4	—	21.27	0.79	—	2.23	2.09	2.81	2.24	3.80
蚕蛹	89.3	18.37	56.1	—	0.25	0.74	—	3.05	2.49	1.86	2.70	2.24
骨粉	—	—	—	—	36.1	16.4	16.40	—	—	—	—	—
磷酸钙	—	—	—	—	27.91	14.38	14.38	—	—	—	—	—
磷酸氢钙	—	—	—	—	23.1	18.7	18.7	—	—	—	—	—
石粉	—	—	—	—	35.0			—	—	—	—	—
贝壳粉	—	—	—	—	40.0			—	—	—	—	—
全乳	13.1	2.93	3.30	—	0.12	0.09	0.09	0.24	0.04	0.14	0.15	—

第四节　肉羊的日粮配方

肉羊日粮是指羊在一昼夜内所采食各种饲料数量的总和。日粮配方是根据肉羊的饲养标准和饲料营养成分，选择几种饲料原料按一定比例互相搭配，使其满足羊的营养需要的一种日粮方剂。配合日粮的方法和步骤有多种，一般所用饲料种类越多，计算过程就越复杂，有时甚至用手算不能完成。因此，在现代畜牧生产中，应用饲料配方软件来完成肉羊的日粮配方，既方便又快捷。而小规模养羊或农户养羊因饲料原料不固定且种类不多，可用试差法手工计算。

一、应用配合饲料的好处

① 节省饲料，提高饲料转化率。配合饲料是通过把各种饲料原料按一定比例进行科学配制而成，使各种营养物质互补，不仅营养全面、平衡，还能增进健康，提高生产率。

② 能够缩短肉羊饲养期，提高出栏率。采用配合饲料，家畜单位增重耗料少（饲料利用率高）、生长快、出栏快，降低成本，提高经济效益。

③ 能够合理利用原料，扩大饲料利用的种类。

二、日粮配合原则

① 必须根据营养需要和饲养标准，并结合生产实践加以灵活运用，使其具有科学性和实用性。

② 要考虑日粮成本和营养水平的平衡，必须考虑肉羊的生理特点。因地制宜，选择适口性强、营养丰富且价格低廉的饲料原料，用后经济效益好的饲料，以小的投入获取最大经济效益。

③ 配合日粮所用原料要满足就近的原则。

三、用试差法进行饲料配方

（一）日粮设计方法

给定条件：现有一批体重 30kg 羔羊进行育肥，计划日增重 300g，试用青干草、中等品质干苜蓿、玉米、豆饼 4 种饲料，配制育肥日粮。

（二）配制步骤和方法

第一步，确定羊群的平均体重和日增重水平，作为日粮配方的基本依据。

第二步，确定拟用的饲料原料，查阅饲养标准表，记下育肥羊的营养需要量，同时查饲料营养价值表，记下所用几种原料营养成分。

第三步，计算粗饲料的营养量，设日粮中粗饲料给量 60%，则两种干草混合的总给量为羔羊日需干物质总量 1.3kg×60% = 0.78kg，混合精饲料的干物质给量则为 1.3kg－0.78kg＝0.52kg。

混合干草可提供的各种营养如下：

设青干草和苜蓿配比为 70% 和 30%，则青干草日给干物质量为 0.78kg×70% ＝0.546kg

苜蓿日给干物质量为 0.78－0.546＝0.234kg

风干量：青干草 0.546kg÷92.21%（青干草中干物质含量）＝0.5921kg

苜蓿 0.234kg÷92.45%（苜蓿中干物质含量）＝0.2531kg

可提供的营养物质分别为：

消化能 ＝ 0.5921kg × 7.99MJ/kg ＋ 0.253kg × 10.13MJ/kg ＝ 7.2938MJ

粗蛋白＝592.1g×11.2%＋253.1g×12.3%＝97.45g

钙＝592.1g×0.98%＋253.1g×1.67%＝10.03g

磷＝592.1g×0.41%＋253.1g×0.52%＝3.74g

消化能和粗蛋白质分别比羔羊的日需要量少 9.855MJ 和 93.55g 即 17.15 − 7.2938 = 9.8562；191 − 97.45 = 93.55g，钙磷均超过需要量，并 Ca∶P = 1∶2.68 处于合理范围内 [1∶（2～3）]。

第四步，调配玉米和豆粕两种精饲料以补充其所缺少的消化能和粗蛋白。

设所缺消化能玉米解决 70%，则由玉米提供的消化能为 9.8562MJ × 70% = 6.8993MJ

玉米所提供风干饲料量为 6.8993MJ ÷ 14.02MJ/kg = 0.4921kg

玉米所提供的粗蛋白质 0.4921kg × 80g/kg = 39.368g

豆粕提供的消化能为 9.8562 − 6.8993 = 2.9569MJ

豆粕所提供风干饲料量为 2.9569 ÷ 18.16MJ/kg = 0.1628kg

豆粕提供的蛋白质为 0.1628 × 430g/kg = 70.00g

由豆粕、玉米可提供的粗蛋白质为：39.368 + 70.00 = 109.368g

结论：30kg 羔羊拟日增重 300g，需青干草 0.5921kg，苜蓿干草 0.2531kg，玉米 0.4921kg，豆粕 0.1628kg。

从这个日粮配合来看，含干物质 1.3654kg，消化能 17.1561MJ，粗蛋白质 206.82g，完全能满足育肥羔羊的营养需要。

第十章 肉羊饲料的参考配方

无论是哪个畜种，生存就离不开吃，要吃好才能发挥最佳的生产性能，就需要为其提供合理的营养全价的日粮。经过多年的生产实践，总结出许多适合肉羊生产的经验配方，为养殖户从事肉羊养殖提供了依据。

第一节 绵羊精料参考配方

羔羊哺乳期精料配方：玉米53%，麸皮13%，豆粕23%，酵母蛋白6%，石粉1.3%，磷酸氢钙0.7%，食盐1.0%，碳酸氢钠1.0%，预混料1%。

断奶羔羊精料参考配方：玉米50%，豆粕29%，大麦11.5%，麸皮5%，食盐1.0%，石粉1.5%，磷酸氢钙1.0%，羔羊预混料1%。

育成羊精料配方：玉米45%，麸皮13%，豆粕8%，棉籽粕13%，酵母蛋白16%，磷酸氢钙0.8%，石粉1.2%，食盐1.0%，碳酸氢钠1%，预混料1.0%。

空怀及妊娠前期羊精料配方：玉米51%，麸皮14%，豆粕6%，棉籽粕12%，酵母蛋白11%，磷酸氢钙1.1%，石粉1.5%，食盐1.2%，碳酸氢钠1.2%，预混料1%。

泌乳母羊精料配方：玉米52.6%，麸皮9%，豆粕10%，棉籽粕12%，酵母蛋白10%，磷酸氢钙1%，石粉2%，食盐1.2%，碳酸氢钠1.2%，预混料1%。

种公羊非配种期精料配方：玉米 55%，麸皮 12%，豆粕 13.2%，酵母蛋白 12%，磷酸氢钙 1%，骨粉 2.3%，石粉 1.2%，食盐 1.3%，碳酸氢钠 1%，预混料 1%。

种公羊配种期精料配方：玉米 51%，麸皮 10%，豆粕 21%，酵母蛋白 8%，磷酸氢钙 1%，骨粉 5%，石粉 0.4%，食盐 1.6%，碳酸氢钠 1%，预混料 1%。

第二节　山羊精料参考配方

一、种山羊精料配方

（一）种公羊混合精料配方

1. 混合精料配方

玉米 52.4%、麸皮 7%、豆粕 20%、棉籽饼 10%、鱼粉 8%、食盐 1%、石粉 1%、磷酸氢钙 0.6%。

2. 日饲喂量

非配种期公羊每天每只的混合精料喂量为 0.5～0.6kg，分两次饲喂。配种期混合精料的喂量为 0.8～1.0kg，分 4 次饲喂。粗饲料的给量为 1.6～1.8kg（草粉 1.4kg）。

（二）种母山羊混合精料配方

1. 混合精料配方

玉米 60%、麸皮 8%、棉籽饼 16%、豆粕 12%、食盐 1%、石粉 2%、磷酸氢钙 1%。

2. 日饲喂量

舍饲种母羊的日粮混合精料喂量为 0.5～0.7kg，每天两次，粗饲料喂量为 1.6～1.7kg，草粉 1.2kg，日喂 4 次，饮水不限。

（三）山羔羊混合精料配方

1. 混合精料配方

玉米 55%、麸皮 12%、酵母蛋白 15%、豆粕 14%、食盐

1%、石粉2%、磷酸氢钙1%。

2. 日饲喂量

羔羊混合精料的喂量随年龄的增长而增强，20日龄到1月龄每只羔羊的日喂量为50～70g，1～2月龄为100～150g，2～3月龄为200g，3～4月龄为250g，4～5月龄为350g，5～6月龄为400～500g。羔羊的粗饲料为自由采食。

二、舍饲育肥山羊混合精料配方

（一）舍饲育肥山羊混合精料配方一

1. 混合精料配方

玉米43.7%、棉籽饼或菜籽粕22%、麸皮17%、花生饼5%、酵母蛋白7%、食盐1%、尿素0.3%、预混料1%、磷酸氢钙1%、石粉2%。混合均匀即可。

2. 日饲喂量

前15天日均每只喂料350g，中15天日均每只喂料400g，后15天日均每只喂料450g，粗料不限量。

（二）舍饲育肥山羊混合精料配方二

1. 育肥的前15天

每只每天供给精料0.5～0.6kg。配方：玉米49%、麸皮18%、棉籽饼或菜籽粕30%、磷酸氢钙或骨粉1%，预混料1%、食盐1%。

2. 育肥的中15天

每只每天供给精料0.7～0.8kg。配方为：玉米55%、麸皮18%、棉籽饼或菜籽粕24%、磷酸二氢钙或骨粉1%，预混料1%、食盐1%。

3. 育肥的后15天

每只每天供给精料0.9～1.0kg。配方：玉米62.8%、麸皮14%、棉籽饼或菜籽粕20%、预混料1%、食盐1.2%、磷酸氢钙1%。

（三）羔羊育肥期精料配方

1. 育肥羔羊前期的混合精料组成

玉米52%、酵母蛋白13%、麸皮15%、豆粕17.2%、磷酸氢钙0.8%、预混料1%、食盐1%。

2. 羔羊育肥的通用饲料配方

玉米57.2%、豆粕或棉籽粕10%、酵母蛋白10%、麸皮20%、磷酸氢钙0.8%、预混料1%、食盐1%。日饮水2～3次。

3. 放牧补饲精料配方

玉米40%、麸皮25%、豆粕8%、棉籽饼15%、酵母蛋白10%、预混料1%、食盐1%。

第三节　肉羊粗精料混合配比参考配方

肉羊是以粗纤维饲料为主的反刍家畜。为提高肉羊的生产性能，在配制饲料时必须考虑其饲养用途，以达到合理生产的目的。

后备公羊：粗饲料占饲料干物质的80%，精饲料占饲料干物质的20%（风干重）。

种用公羊：粗饲料占饲料干物质的75%，精饲料占饲料干物质的25%（风干重）。

空怀母羊：粗饲料占饲料干物质的85%，精饲料占饲料干物质的15%（风干重）。

怀孕母羊：粗饲料占饲料干物质的80%，精饲料占饲料干物质的20%（风干重）。

泌乳母羊：粗饲料占饲料干物质的75%，精饲料占饲料干物质的25%（风干重）。

育肥羔羊：粗饲料占饲料干物质的55%，精饲料占饲料干物质的 45%（风干重）。

育肥成年羊：粗饲料占饲料干物质的 60%，精饲料占饲料干物质的 40%（风干重）。

强度育肥羊：

① 育肥前期，粗饲料占饲料干物质的 40%，精饲料占饲料干物质的 60%（风干重）。

② 育肥中期，粗饲料占饲料干物质的 55%，精饲料占饲料干物质的 45%（风干重）。

③ 育肥后期，粗饲料占饲料干物质的 50%，精饲料占饲料干物质的 50%（风干重）。

第四节　肉羊强度育肥期的饲料配方

当前，市场上强度育肥的羊只普遍采取育肥 50 ~ 60 天的方法。所以，在选择精粗饲料原料时应当注意它们的使用效果。一般情况下，以玉米、麸皮、豆粕、棉粕等作为精料补充料的原料，补饲以青贮玉米秸秆为主，下面介绍几种强度育肥的经验配方。

精饲料配方：玉米 45.5%、豆粕 18%、棉籽粕 10%、酵母蛋白 5%、麸皮 18%、预混料 1%、磷酸氢钙 0.5%、石粉 1%、食盐 1%。

粗饲料配方：花生秧粉 50% ~ 65%，啤酒糟 15% ~ 20%，豆皮或玉米皮 20% ~ 30%。

育肥期的饲料组合如下。

1. 适应期

共 5 天，以粗饲料为主，主要成分为 70% 的花生秧粉，10% 的啤酒糟、20% 的豆皮或玉米皮。日添加量为平均体重的 3.0% ~ 3.3%，日喂 2 次，饮水 2 ~ 3 次，并适当补喂玉米秸秆青贮料。

2. 育肥前期

共 21 天。按照前 1/3、中 1/3、后 1/3 阶段的顺序，精粗饲料的比例分别为 20%/80%、27%/73%、38%/62%。

3. 育肥后期

共 32 天。按照 1/4、2/4、3/4、4/4 的阶段顺序，精粗饲料的比例分别为 40%/60%、45%/55%、52%/48%、66%/34%。

第十一章　肉羊的强度育肥

育肥羊是为了在短时期内，用低廉的成本，获得品质好、数量最多的羊肉。传统的方法是强度育肥，即牧区在入冬前将不能作种用的公羊和淘汰母羊或春季产羔结束后将无生产价值的母羊淘汰，转移到草料资源较好的农区和半农半牧区进行异地育肥。这种育肥方式饲料报酬高、增重快。现代羊肉生产的方法是充分利用羔羊生长发育快、饲料转化率高、饲料报酬高的特点，将幼龄羊进行快速育肥，此时羊肉品质好、肉质细嫩、脂肪含量低。试验结果表明，高效育肥哺乳羔羊的料重比为 (2.8～3.2)∶1, 4月龄以上断奶羔羊为 (4～6)∶1, 而成年羊为 (6～8)∶1。羔羊育肥是养羊业未来发展的方向，不仅可以为社会提供优质羊肉、为养殖户带来更高的经济效益，而且利用羔羊提前出栏省下来的草料、棚圈，扩大母羊存栏比例，为扩大羊群规模创造了条件。

目前，我国肉羊育肥主要来源于育成羊（4 个半月龄以上的羔羊），被淘汰的老龄公、母羊以及体质相对瘦弱的青年羊。育肥普遍采取的方式为短期快速育肥，又称强度育肥。育肥时间一般为 50～60 天，5 月龄以下的育肥时间稍长，5 月龄以上的育肥时间稍短。

第一节　肉羊育肥的基本原理

肉羊育肥的目的是为了提高肉羊的屠宰率，改善羊肉的品质。从生产者的角度讲，是为了使羊的生长发育、遗传潜力在短时间内完全发挥，降低养羊者的生产成本、提高经济效益。

要使羊尽快育肥，在饲喂时给羊的营养物质必须高于维持和正常生长发育的需要，所以羊的强度育肥又称过量饲养。根据羊的生长发育规律，过量饲养的营养物质直接导致羊体内获得最大能量的积累，致使肌肉、脂肪的结构和成分迅速发生变化，肌肉变粗，肌间脂肪增多；屠宰后表现芳香味增浓，嫩度加强，能够改善羊肉的口感。

第二节　肉羊的强度育肥方案

为了有效提高肉羊的生产性能，我们根据肉羊来源、年龄、体格大小、品种和育肥方式，制定不同的育肥方案，确定育肥时间和增重目标。

1. 分群管理

肉羊来源不同、体况、大小相差大时，最好进行分群管理。强度育肥时间以50~60天为宜，过短达不到增重目标，过长则增加饲养成本从而降低经济效益。

① 肉用杂交羔羊多采用舍饲强度育肥，羔羊5~8月龄、体重达到35~45kg出栏。

② 小尾寒羊、滩羊及其杂种羔羊一般在8~10月龄结束，宜采用先长体格后育肥的方式进行饲养。

③ 成年羊及淘汰母羊应采用短期强度育肥。如采取放牧育肥，成本较低，但需优质草场和加强放牧管理，适当补饲，并延长育肥期。

2. 选择合适的育肥日粮

饲料占育肥成本的70%以上，因此粗饲料和主要精饲料应以当地生产、就近取材为原则，通过调整各种饲料比例，配制成既能满足育肥羊的营养需要，又降低饲料成本的最优日粮组合。

3. 外购羊运回来后应先隔离

运输前停水停草，空腹一夜，早上装车。尽量缩短装车和运输时间，运输途中要注意避免羊只的挤压，以免出现死亡。

4. 做好育肥圈舍消毒和肉羊进圈前的驱虫工作

自繁自养的羔羊，最好在出生后 10 天开始隔栏补饲，对提高日后育肥效果，缩短育肥时间、提前出栏等有明显作用。

5. 保持圈舍地面干燥，通风良好

夏季注意防暑，冬季注意防寒。

6. 饲养密度要适宜

为每只羔羊提供 $0.75 \sim 0.95 \mathrm{m}^2$、大羊 $1.1 \sim 1.5 \mathrm{m}^2$ 的活动和歇卧面积。

7. 饲槽长度和采食位口要与羊数相符

为避免喂饲时拥挤、争食，一般一只大羊应有饲槽长度 $30 \sim 40 \mathrm{cm}$，羔羊 $20 \sim 30 \mathrm{cm}$。

第三节 育肥羊的选购与架子羊的运输

肉羊在强度育肥过程中，育肥羊的选购是相当重要的，它直接影响养殖场肉羊育肥的速度和生产效率，从而间接地影响养殖场的经济效益。所以我们在选购育肥羊时一定要严把质量关。

一、育肥羊的选购

在收购待强度育肥的成年羊时，应考虑的内容包括品种、年龄、体重、健康状况和育肥后销售对象等。因为在相同的饲养管理条件下，杂种羊的增重、饲料转化率及产肉性能都要优于我国地方品种羊，而市场上的消费方式又是以"烧、烤、涮"为主。所以，要想靠强度育肥羊获取更高的经济效益，就必须注意以下几个方面的问题。

（一）品种

品种要选育肥效果较好的，如小尾寒羊、乌珠穆沁羊、滩羊、湖羊、同羊、阿勒泰羊、马头山羊、南江黄羊、黄淮山羊和其他一些国内地方品种；无角道赛特、萨福克、德克赛尔、杜泊、夏洛莱、兰德瑞斯羊等肉用引进绵羊品种以及这些品种的杂交后代。这些品种不但生长速度快而且肉质好，深受屠宰加工厂和消费者的欢迎。

（二）年龄

一般来讲，用于强度育肥的羊最好选择当年的羔羊与青年羊（4.5～18个月），体重在25kg以上。这个时期育成羊饲料报酬最高，肉质最好。其次才是老龄羊和相对瘦而健康的青年羊。

对于热衷于饲养山羊的养殖户，在肉羊交易市场选购地方品种时，应以显示波尔山羊品种特征的主要性状为主。这些品种的杂交后代具有生长快、料肉比低、肉质细腻等优点，深受广大屠宰厂的喜爱。

（三）体重

选购强度育肥的羊，羔羊体重最好在25kg以上，青年羊体重最好在45kg以下。因为，只有具备一定的体架，才能具有短期生长的空间。

（四）健康

选购强度育肥的羊，一定要选择精神状态好，中等膘情且健康无病的羊。

二、架子羊运输

架子羊是指1岁左右，体格发育成熟但体重没有达到出栏标准的肉羊。一般都是肉羊场从外地购买的架子羊，然后进行育肥。涉及架子羊的运输应注意以下几个问题。

① 架子羊运输前 5～7 天提高营养水平，将羊精饲料中能量、蛋白质的浓度提高 3% 左右，口服或注射维生素 C，这是为了降低羊运输过程中的应激反应。

② 保证充足的矿物质元素的供给，运输前、运输中和运输后分三次口服电解质溶液。将电解质干粉按照 2.4g/kg 体重的标准称取，然后溶解成 150mL 水溶液进行口服。电解质干粉配方：葡萄糖 94.8%，碳酸氢钠 2.7%，硫酸镁 1.0%，氯化钠 1.5%。

③ 装车前要让羊饮水，在装运前 2～4 小时停喂，以免在运输过程中羊出现胀气的现象。

④ 如果运输路途比较远，则运输途中至少保持 8 小时饮水一次。羊运输每 12 小时内要饲喂 1 次，运输过程中不能饲喂精料，要喂给一些干草，这样可以降低体能损失。

⑤ 羊到达目的地后不能马上饲喂和饮水。休息 1～2 小时后可以补充电解质水或清洁饮水，初次饮水要适当限量。间隔 3～4 小时后再自由饮水，饲料以品质较好的粗料为主，不喂或少喂精料。随着羊只体力的恢复，逐渐增加精料。

第四节　强度育肥的饲养管理

羊育肥效果的好坏，最直接的影响因素是饲养管理。新采购的育成羊，由于饲养地和饲料品质的改变，需要 5～7 天的过渡期才能进入正常的增肥阶段。增肥阶段按给料的方式不同可分为育肥前期和育肥后期。由于成年羊需要在较短的时间内完成育肥任务，给养殖者带来了诸多困难，所以，饲养程序必然成为指导养殖户科学饲养的指南。

一、育肥前对羊的处理

(一) 新购进架子羊的处理

1. 隔离

在隔离区，隔离饲养 15 天以上，防止随羊引入疫病。

2. 饮水

羊到后不能先喂草，要先给饮水。第一次饮水量以半饱为宜，可加人工盐（每头 10g）；第二次饮水在第一次饮水后的 3 ~ 4 小时，饮水时，水中可加些麸皮，以防止羊在运输过程中上火。

3. 粗饲料饲喂方法

首先饲喂优质青干草，第一次喂量应加以限制，每头 0.4 ~ 0.5kg；第 2 天后可以自由采食。

4. 精饲料饲喂方法

架子羊进场 2 天后可以饲喂精饲料，由少至多，逐渐添加，15 天一般不超过 0.25kg。

5. 分群饲养

按大小强弱给羊只分群，根据圈的大小，以每头羊占 1.5m² 为宜，但还要考虑饲槽的长短，以每只羊都能同时采食为宜。傍晚时分群容易成功。

6. 驱虫

架子羊入场的第 5 ~ 6 天进行驱虫。根据当地疫病流行情况，要进行相应疫苗注射。

7. 勤观察

观察羊只采食情况、反刍次数、粪尿变化、精神状态等，以便出现问题及时处理。

(二) 自养羊育肥前的处理

① 对将进行育肥的羊只进行健康检查，健康无病的才可进

行育肥。

　　② 把羊只按年龄、体重和品种进行分类组群。年龄相同的分为一组，个体差异不大的分在一起，其次考虑品种相同或杂交品种在一组。

　　③ 对羊进行驱虫、药浴、防疫注射和修蹄。对羊进行驱虫可以驱除羊体内的寄生虫，有利于提高饲料的转化率，进行药浴可以驱除羊体表寄生虫，有益于加快羊只增重的速度。

　　④ 如果育肥 8 月龄以上的公羊要去势，使羊肉不产生膻味并且有利于育肥。但是，对 8 月龄以下的公羊不必去势，因为不去势羔羊比阉羔出栏体重高 2.3kg 左右，且出栏日龄能少 15 天左右。因为 8 月龄以下的羔羊还没有达到性成熟，羊肉的味道也没有差别。

　　⑤ 对羊进行称重，以便与育肥结束时的称重进行比较，检验育肥的效果和效益。

　　⑥ 被毛较长的羔羊在育肥前，如季节合适要进行剪毛，这样不仅不会影响宰后皮张的品质和售价，还能多得 2kg 左右的羊毛，增加效益，而且能够提高育肥速度。

二、过渡期的饲养管理

　　① 羊进入育肥圈之后，应减少惊扰，使其充分休息；并做到 12 小时内禁水、禁料，12 小时后可供给少量饮水。

　　② 从第 2 天开始，只喂易消化的干草，不喂精料，但必须供给充足饮水。每天喂 2 次（早 6 点，下午 6 点），每次 400g，连喂 2～3 天。

　　③ 如果进行外购的架子羊育肥，那就单设隔离圈。不与自繁自养的羊混喂，待羊休息一周后进行驱虫和疫苗注射工作，育肥前也可进行健胃以提高育肥效果。

　　④ 自繁自养或近距离运输的育成羊，可直接进入育肥前期。

三、育肥前期的饲养管理

从第 7 天开始，羊进入了育肥前期，全程共 21 天，这个时期的饲养方法如下。

（一）7~13 天

每顿秸秆粉 0.3kg，玉米皮或豆皮 0.1kg，精料 0.1kg；每天 2 次（早 6 点，下午 6 点）。

（二）14~20 天

每顿秸秆粉 0.3kg，玉米皮或豆皮 0.1kg，精料 0.15kg；每天 2 次（早 6 点，下午 6 点）。

（三）21~28 天

每顿秸秆粉 0.3kg，玉米皮或豆皮 0.1kg，精料 0.25kg；每天 2 次（早 6 点，下午 6 点）。

四、育肥后期的饲养管理

育肥前期结束后，肉羊已完全适应育肥期的饲养方式和当地环境，体能恢复，精神良好。于是饲养进入了育肥后期，共 32 天。

（一）29~35 天

每顿大豆秸秆粉 0.4kg，玉米皮或豆皮 150g，精料 0.35kg；每天 2 次（早 6 点，下午 6 点）。

（二）36~42 天

每顿大豆秸秆粉 0.4kg，玉米皮或豆皮 150g，精料 0.45kg；每天 2 次（早 6 点，下午 6 点）。

（三）43~49 天

每顿大豆秸秆粉 0.4kg，玉米皮或豆皮 150g，精料 0.5kg；每天 2 次（早 6 点，下午 6 点）。

（四）50~60天

每顿大豆秸秆粉 0.25kg，玉米皮或豆皮 150g，精料 0.5kg；每天 2 次（早 6 点，下午 6 点）。

第五节 肉羊出栏时间的判断

肉羊出栏日期的早晚，直接关系到养殖户的经济效益。肉羊育肥过程即将结束时，如何判断育肥是否完成，是否达到出栏要求是一个关键的技术问题。目前，养殖户判断肉羊出栏时间的方法有以下几种。

一、根据肉羊的采食量判断

肉羊强度育肥后期，肉羊食欲降低，采食量减少，但如改变肉羊饲养技术后，又可恢复采食量，则表示肉羊强度育肥没有完成；如采食量持续下降，即使采取措施后，肉羊的食欲也不会增加，则表示肉羊强度育肥确实已经完成，应该及时出栏。

二、根据肉羊体重变化判断

肉羊强度育肥后期要注意对肉羊定期称重。满足营养需要时，连续称重 2~3 次，如果肉羊的体重基本不增加，视为肉羊育肥完成。此时，即使该肉羊食欲再好也应该出栏，不再饲养。

三、肉羊肥度检查

检查肉羊身上最难附着脂肪的部位。一般是胸前、背部，最后肋骨的上方、后肢膝壁，若这些部位已沉积脂肪，外观表现：背部平直、后裆开张、胸部丰满，表明肉羊强度育肥已经结束，可以出栏屠宰。

第十二章　秸秆青贮的处理技术

秸秆青贮是肉羊最喜欢的补充性饲料来源，特点是气味酸香，柔软多汁，比干的秸秆适口性好，且存放时间长。近些年来，青贮技术发展很快，如全株青贮、秸秆青贮、微贮等，其中秸秆青贮是最常用的一种。

第一节　青贮的类型及贮存设备

一、青贮的类型

青贮饲料就是把作物秸秆（玉米秸秆等）在新鲜青绿时割下、切碎填入密闭的青贮窖里，经微生物发酵而制成的一种耐贮存的饲料。这种饲料基本上保留了青绿饲料原有的青绿、多汁、营养丰富等特点。根据原料组成和营养特性，可将青贮分为单一青贮、混合青贮和配合青贮。

（一）单一青贮

是指单独青贮一种禾本科或其他含糖量高的植物原料。

（二）混合青贮

是指将多种植物原料或农副产品原料混合贮存，比单一青贮营养全面、适口性好。

（三）配合青贮

是将各种青贮原料进行科学合理的搭配后的混合青贮。

二、青贮的主要贮存设备

目前，我国青贮储存的主要设备有青贮池、塑料袋青贮和青贮窖等。

（一）青贮池

我国青贮池的建设主要有两种形式，即地上青贮池、半地下青贮池。无论采用哪种形式青贮，青贮场所都应选择在土质坚硬、地下水位低、不易积水、远离畜舍、使用方便的地方。

1. 地上青贮池

地上青贮池一般高 2.2m，它的建设基本上没有改变土地原有的结构，稍加整理就能完成农业结构的转化，是未来的发展方向。

2. 半地下青贮池

半地下青贮池的建设，要求一侧预留斜坡，便于拖拉机等出入；一般深度为地下 1.5～2.0m，地上 1～1.5m；在窖底建一集水坑，底面向进料口方向倾斜，以便于有水时流入水坑。

（二）塑料袋青贮

这种青贮方式简单方便，设备费用低，适合小规模散养户使用。塑料袋可选用抗热、不硬化、有弹性、经久耐用的无毒塑料膜。袋子的大小可根据养羊数量的多少确定，但不易过大，一般每袋装 250～500kg 为宜。

（三）青贮窖

青贮窖有圆形、长方形、地上、地下、半地下等多种形式。长方形窖的四角必须做成圆弧形，便于青贮料下沉，排出残留气体。地下、半地下式青贮窖内壁要有一定斜度，口大底小，以防窖壁倒塌。如在地上打窖，上部壁厚为 1m，腹部壁厚为 1.5m，墙高 2m，呈长方形，长、宽可根据需要确定。窖墙的一端开口，用于饲用时取料。窖顶用塑料布盖严，用土或旧的轮胎压实。建窖地点要选在高于地下水位 0.5m 以上，远离沟河、池塘，以防漏水、漏气或造成塌方。

第二节　青贮制作的技术要点

制作青贮饲料是一项短时间内完成的突击性工作，要求收割、运输、铡碎、装填压实、密封连续操作，一次性完成。

1. 收割

要掌握各种青贮饲料收割时间，及时收获。一般全株青贮玉米在蜡熟期收割，玉米秸秆青贮在完熟期提前 15 天摘穗后收割。豆科牧草在开花初期，禾本科在抽穗期，甘薯在霜前。这时的原料营养成分含量高，水分适宜，适于制作优质青贮饲料。

2. 运输

玉米要随割随运，及时切碎贮存。割下的玉米不能堆放过夜，以免发热腐败。

3. 铡碎

根据肉羊自身特点，可将青贮原料切成 0.5 ~ 1.0cm 的长度较好。对青贮玉米秸，要求破节率在 80% 以上。

4. 装填压实

切碎后及时装填，含水率在 65% ~ 70% 为好。对青贮窖青贮，要随装随压，每装 50cm 厚时用拖拉机压一次，尤其是边缘部分压不到的地方要人工踩实。最好一次性装满，如不能一次装满，则装填一部分后，立即在原料上面盖上塑料薄膜，顶部也用木板等盖好，次日继续装填。在制作过程中，一定不能让雨水淋着。

5. 密封

严密封顶，防止漏气漏水。当原料装到超过窖口 60cm 时，即可加盖封顶。先铺塑料薄膜，再加土拍实封严或用旧轮胎压实，覆土厚度 30～50cm，做成馒头形，有利于排水。窖的四周要挖排水沟，同时经常检查，防止漏气、漏水。

第三节　青贮饲料的品质鉴定及利用

一、青贮的品质鉴定

青贮做好封好后，要经 6 周左右时间的厌氧发酵，才能变成成品。成品青贮饲料饲用前或使用中要经常对其进行品质鉴定。在实践中，青贮品质鉴定需从各个层面均匀取样，以感观鉴定方法来鉴别青贮饲料品质；品质良好的青贮料具有酸香、酒香味，是青绿色或黄绿色，拿到手中很松散，质地柔软，植物茎、叶分辨明显略带湿润；品质中等的青贮料香味极淡或没有，具有强烈的醋酸味，是黄褐色或暗绿色，较干燥粗硬；品质低劣的青贮料具有特殊臭味，腐烂发霉，呈暗色、褐色、墨绿色，这样的青贮不能用来饲喂家畜。

二、青贮饲料的利用

一般在 40 天左右可以开窖。开窖后，应十分注意青贮料的取用和保管，随用随取，取时从上面开始打开半米长左右，一层一层地取，直到最底部。不要在底部留底，防止氧化变质。

青贮饲料是一种良好的多汁饲料，反刍动物都喜欢食用。而肉羊饲喂青贮饲料的数量，是根据品种、青贮的种类和品质决定的，品质好的可多喂，但不可能代替全部饲料。

饲喂青贮饲料的草食动物，不但生长速度快，抗病能力也明显增强，且消化率提高了 24.14%，节省了大量的精饲料。畜体屠宰后，皮质好，肌肉多汁、鲜嫩，肉的颜色好，芳香味浓。

第四节　青贮饲料的使用效果评定

青绿饲料在成熟和晒干过程中，不但营养价值损失较多，而且纤维素增加，质地粗硬，不利于肉羊的饲喂。秸秆青贮后产生大量的乳酸、微生物菌体蛋白，这些都是畜禽必需的营养物质，所以青贮后优化了秸秆的质量。

一、青贮保存了植物中的营养成分

一般青绿植物在成熟和晒干之后，营养价值降低 30% ~ 50%，青贮后仅降低 3% ~ 10%，并可以有效地保留青绿植物中的维生素和蛋白质；青贮秸秆的蛋白含量一般为 7.7%，干秸秆的蛋白含量一般为 1.8%。

二、青贮提高了饲料的适口性

青贮饲料可以很好地保持饲料青绿时期的鲜嫩汁液。一般干草汁液含量只有 14% ~ 17%，而青贮饲料的含汁量竟可达 60% ~ 70%，既可以保持饲料的原有品质，又可以产生酸、甜、酒香味等，适口性较好，消化吸收率高。

三、青贮扩大了饲料的来源

肉羊不喜欢采食或者不能采食的野草、野菜、树叶等无毒青绿植物，经过青贮发酵，可以变成家畜喜爱的饲料，如向日葵、蒿草、稻草等，有的在新鲜时有臭味，有的质地较硬，一般的肉羊多不喜欢采食它们。如果把它们调制成青贮饲料，不仅可以改变口味，而且可以软化秸秆，增加可食部位的数量。

四、青贮净化了饲料原料

很多为害农作物的害虫，多寄生在收割后的秸秆上越冬，由于秸秆铡碎并青贮，青贮的窖中缺乏氧气，而且酸度高，就可以将许多害虫的幼虫杀死；青贮所产生的乳酸能有效地杀死青绿植物中的病菌和寄生虫卵，减少对肉羊生长发育的危害。

五、青贮为冬季提供了充足的多汁饲料

青贮能为寒冷地区的肉羊在冬、春季缺乏青绿植物时，提供青绿多汁的饲料，使肉羊能够采食到青绿多汁饲料，从而保持较高的生产水平。

第十三章　肉羊常见疫病的
　　　　预防和控制

肉羊的卫生管理、免疫接种以及寄生虫的驱除是养殖户预防肉羊疫病、维持健康生产、获得稳定效益的有效途径之一。

第一节　羊场卫生防疫措施

一、羊场卫生防疫的要求

① 以防为主，防重于治，同时必须遵守《中华人民共和国动物防疫法》的规定。

② 羊场要与外界隔开，生产区大门设有车辆、人员进出的消毒池和更衣消毒间。

③ 外来车辆、人员一般不准进入生产区，特殊情况需经主管场长批准，通过场内的消毒，走规定的路线。

④ 进入羊场的所有人员都要更换已消毒的工作服、胶鞋，洗手后经消毒室严格消毒。

⑤ 保持饮用水清洁卫生，场内污水、污物处理应符合防疫要求。

二、场区及羊舍卫生消毒

① 场区保持整洁，每半个月全面消毒一次。

② 圈舍每天进行清扫，保持整洁、卫生，做到无污水、无

污物，每周至少消毒一次。

③ 圈舍每年争取 2～3 次空圈消毒。其程序为：把羊全部赶走，彻底清扫圈内粪便，用 3% 火碱水喷洒一遍，并空圈一周。

④ 每栋羊舍内的工具（用具）不得交叉使用，并保持卫生干燥。

⑤ 饮水槽和食槽要每两周用 0.1% 的高锰酸钾水消毒。

⑥ 医疗器械、哺乳器械、采精、输精器械必须在每次使用之前进行消毒，用后立即清洗。

⑦ 转群或调栏时，应对栏舍、生产工具彻底清扫和消毒。

⑧ 每栋羊舍的饲养员应相对固定，饲养员之间不得相互串门。

三、免疫接种

① 在正常情况下，按年度防疫方案进行防疫注射，其防疫程序参照本章第二节《羊场免疫程序》。

② 根据邻近社会疫情和羊场的实际情况需要，可对布氏杆菌病、羊痘、口蹄疫等传染病进行免疫接种。

③ 预防接种前，应对被接种羊群的健康状况、年龄、怀孕、泌乳以及饲养管理情况进行检查和了解。

④ 每次接种后要进行登记，有条件的可进行定期抗体监测。

四、疾病控制

① 饲养员密切观察饲养羊只情况，发现异常及时报告，兽医技术人员应跟班观察，每晚 9～10 点应对羊群进行一次检查。发现病羊及时隔离，立即诊治，并做详细记录。

② 对羊的一般性疾病要及时治疗，确保羊只健康，并查清病因，采取预防措施，防止此类疾病的再次发生。

③ 每年对羊群进行一次布氏杆菌病和结核病检疫，以及其

他需要检疫的项目。凡发生流产的母羊必须在一周内进行布鲁氏杆菌病检测。

④ 从外地引进羊时，要了解当地羊只传染病流行情况，并进行产地检疫，购回后不得直接进场，要隔离饲养一个月以上，确定羊只健康，并完成相应的免疫注射、驱虫后方可混群饲养。

⑤ 被隔离羊只必须在兽医监护下进行饲养治疗，治疗痊愈由兽医同意后方可重新混群。

⑥ 病死羊只必须进行无害化处理，任何人不得随意带走，更不能食用、乱扔，并对埋尸场进行严格彻底消毒。

五、驱除寄生虫

① 坚持每季度分类驱除体内寄生虫各一次，绦虫病应间隔10 天左右进行第二次驱虫，具体驱虫安排参照《羊场寄生虫防治规程》。

② 每年的 3、4、5、8、9、10 月应经常检查粪便虫卵，及时驱虫。

③ 加强对羔羊的驱虫与防治，断奶后就可以对羔羊进行驱虫。

④ 选择广谱、副作用小的驱虫药物，并注意用药事项。

⑤ 体外寄生虫可采用药浴、涂擦等方式进行防治。

六、卫生保健

① 禁用或慎用剧毒药品，必须使用时要兽医技术人员把关，以免发生意外。

② 根据羊只情况做好冬季防寒保暖及夏季防暑降温工作。

③ 经常观察妊娠母羊的情况，做好保胎防治工作。

④ 经常观察羊只四蹄变化，及时修剪与矫正羊蹄。

⑤ 密切观察羊只粪便情况，及时调整饲料配方。

七、环境维护

① 羊场内净道与污道分开运行。

② 粪便、残草料在指定地点堆放。

③ 粪、尿排入化粪池或堆积、密封发酵，杀灭粪便中的病原菌和寄生虫或虫卵。

八、病历记载与归档

① 按羊的耳号建立病历卡。

② 由兽医填写病历，记录发病日期、主要症状、初步诊断、用药治疗等情况。

③ 病历卡、尸解报告由兽医技术人员统一保管。

④ 淘汰、病死羊只应写明病情、治疗情况、尸解报告、鉴定意见上报。

第二节　羊场免疫程序

养羊场的免疫一般分为春、秋两季。

一、春季

（一）破伤风类毒素

免疫时间：怀孕母羊产前 1 个月；预防疫病：破伤风；免疫方法：肌注后臀部，1 个月产生免疫力；免疫期：1 年。

（二）羊三联四防疫苗（或五联苗）

免疫时间：每年 2 月下旬至 3 月上旬（成年羊、羔羊）；预防疫病：羊快疫、羊肠毒血症、羊猝疽、羊黑疫（或羔羊痢疾）；免疫方法：成羊或羔羊都按说明注射，10 ~ 14 天产生免疫力；免疫期：6 个月。

（三）羔羊痢疾

免疫时间：怀孕母羊产前20～30天（注射五联苗免注），羔羊1个月龄可注射；预防疫病：羔羊痢疾；免疫方法：按说明书免疫，隔10～14天再免疫1次，10～14天产生抗体；免疫期：羔羊获得母羊抗体。

（四）羊痘鸡胚化弱毒苗

免疫时间：每年2～3月；预防疫病：羔痘；免疫方法：不论大小一律皮下注射0.5mL，6～10天产生免疫力；免疫期：1年。

（五）羊口疮弱毒细胞冻干苗

免疫时间：每年3～4月；预防疫病：羊口疮病；免疫方法：大小羊一律口腔黏膜内注射0.2mL；免疫期：1年。

（六）羊链球菌氢氧化铝菌苗

免疫时间：每年3～4月；预防疫病：羊链球菌病；免疫方法：按说明书的方法进行；免疫期：6个月。

二、秋季

（一）羊流产衣原体油佐剂卵黄灭活苗

免疫时间：以配种时间而定；预防疫病：羊衣原体性流产；免疫方法：羊怀孕前或怀孕后一个月内每只皮下注射3mL；免疫期：1年。

（二）羊四联苗（或五联苗）

免疫时间：每年9月下旬（若生产厂家说明免疫期1年此次可略）；预防疫病：羊快疫、羊肠毒血症、羊猝疽、羊黑疫（或羔羊痢疾）；免疫方法：成羊或羔羊都按说明注射或成年羊加0.2倍量，10～14天产生免疫力；免疫期：6个月。

（三）口疮弱毒细胞冻干苗

免疫时间：每年9月；预防疫病：羊口疮病；免疫方法：大

小羊一律口腔黏膜内注射 0.2mL；免疫期：1 年。

（四）羊链菌疫苗

免疫时间：每年 9 月；预防疫病：羊链球菌病；免疫方法：按说明书方法；免疫期：6 个月。

三、寄生虫病的预防措施

（一）每年 2 月底至 3 月初

用丙硫咪唑，按 15mg/kg 剂量对羊只进行集中驱虫，并集中粪便发酵处理，可驱除胃肠线虫、绦虫和肝片吸虫，并能减少虫卵对外界草场的污染。

（二）在 5 月中旬

天气转暖后，用螨净或除虫菊酯类药物（敌杀死、速灭杀丁等）按 0.3% 浓度药浴或体外喷洒，防治螨病和其他体外寄生虫。

（三）在 9 月配种前

根据当地寄生虫为害特点，对肝片吸虫和绦虫危害严重的草场，仍用丙硫咪唑，按 15mg/kg 剂量驱除吸虫、绦虫和线虫；对螨类危害严重的羊场，可用伊维菌素粉剂或针剂按说明使用，对驱除体内外寄生虫有卓效。

（四）每年 11 月底至 12 月初

可根据羊群寄生虫感染情况，选用丙硫咪唑，按 10mg/kg 剂量驱除肝片吸虫、肠道线虫和绦虫，以利安全过冬。

（五）在脑包虫多发羊场要采取综合措施

不养家犬或定期用丙硫咪唑驱虫；病羊、死羊的脑脊髓不让家犬吃；对早期发现的脑包虫病可做手术。或用 40 ~ 80mg/kg 剂量吡喹酮口服驱虫，有一定疗效。

第三节　羊场常见消毒剂的选择与使用

每种消毒剂都有各自的优点和缺点，在不同的情况下选择合适的消毒剂是非常重要的，选择消毒剂的时候不仅要考虑其消毒效力，还必须考虑消毒剂可能带来的药物残留问题。

一、羊场常见的消毒剂种类

（一）酚类

1. 优点

性质稳定，在酸性介质中作用较强。

2. 缺点

有特殊气味；对皮肤有刺激作用；使纺织品染色和损坏橡胶；对动物体毒性较强。

3. 举例

如石炭酸、煤酚皂溶液（来苏儿）。

（二）醇类

1. 优点

作用快，性质稳定；基本无毒，无腐蚀性。

2. 缺点

不能杀灭细菌芽孢、真菌和病毒。

3. 举例

如乙醇，70% 乙醇相当于 3% 苯酚。

（三）酸类

1. 无机酸

（1）作用机理　杀菌作用取决于游离的氢离子，高浓度的氢离子使菌体蛋白变性、沉淀或水解，从而杀死繁殖型微生物与芽孢。

（2）缺点　腐蚀性较强、穿透力较差。

（3）举例　盐酸、硫酸、硼酸、硝酸等。

2.　有机酸

（1）作用机理　杀菌作用取决于不电离的分子，它透过细菌的细胞膜而对细菌起杀灭作用。

（2）优点　对革兰氏阳性、阴性菌均有杀灭和抑制作用，也可杀灭流感病毒。

（3）缺点　碱性环境下效果较差，杀菌作用较弱。

（四）碱类

1.　作用机理

氢氧根离子使蛋白质水解、变性或沉淀。

2.　优点

可杀灭细菌繁殖体、芽孢；对病毒有较强的杀灭作用；对寄生虫卵也有杀灭作用。

3.　缺点

易灼伤组织，有腐蚀性，不适用于水的消毒，极易吸湿受潮，成分单一，杀毒范围窄，粗制品含量低。

4.　举例

如火碱（氢氧化钠）、生石灰。

火碱消毒的缺陷：有有机物时会降低消毒效果；无表面活性作用；灼伤皮肤、眼睛、呼吸道和消化道；易吸潮，导致结块、失效；腐蚀金属，破坏环境；只能用于空舍消毒。

（五）醛类

1.　作用机理

使蛋白质变性，起到杀菌作用。

2.　优点

杀菌作用较醇类强，杀菌广泛且作用强，对细菌繁殖体、芽孢、病毒和真菌均有杀灭作用。可硬化组织。

3. 缺点

使用受限，有刺激性、毒性，长期使用会致痛，易造成皮肤上皮细胞死亡，受污物、温度、湿度影响较大。易产生过敏，引起哮喘。

例如，甲醛消毒低温无效，高毒和高刺激性易引起气喘病。

（六）氧化剂

1. 作用机理

通过氧化细菌体内的活性基团，破坏菌体蛋白或酶蛋白。

2. 优点

作用快而强，广谱杀菌，对细菌、病毒、霉菌和芽孢均有杀灭作用。

3. 缺点

仅对表面有作用，易分解，不稳定。

4. 举例

过氧乙酸。

（七）卤素类

1. 作用机理

通过卤化、氧化作用使有机物分解或丧失功能。

2. 缺点

对金属腐蚀性大，用量大；使用条件受限，易分解。

3. 举例

消毒王、百菌清。

例如：碘制剂效果短暂，在阳光下易分解，易产生污点；对水生动物有一定的毒性；对口蹄疫病毒作用慢。

（八）重金属盐类

1. 作用机理

离子与菌体蛋白结合，产生沉淀，高浓度杀菌，低浓度抑菌。

2. 优点

防腐作用较强。

3. 缺点

污染大，仅对细菌和真菌有效，低温、有机物能降低效果。

（九）表面活性剂

1. 作用机理

改变细胞的通透性，并使菌体蛋白变性。

2. 优点

杀菌作用强，无腐蚀、刺激性和漂白性，易溶于水，不污染物品。在碱性和中性介质中杀菌力强。

3. 缺点

在酸性介质中效果大减，对结核杆菌、绿脓杆菌、芽孢、真菌和病毒的效果较弱。

4. 举例

百毒杀、新洁尔灭。

二、消毒剂的选择方法

① 尽可能选用广谱的消毒剂或根据特定的病原体选用对其作用最强的消毒药。消毒药的稀释度要准确，应保证消毒药能有效杀灭病原微生物，并要防止腐蚀、中毒等问题的发生。

② 有条件的情况下，应对消毒质量进行监测，检测各种消毒药的使用方法和效果。并注意消毒药之间的相互作用，防止拮抗作用使药效降低。

③ 不准任意将两种不同的消毒药物混合使用或消毒同一种物品，因为两种消毒药合用时常因物理或化学配伍禁忌而使药物失效。

④ 消毒药物应定期替换，不要长时间使用同一种消毒药物，以免病原菌产生耐药性，影响消毒效果。

三、消毒剂的使用

消毒是贯彻"预防为主"原则的一项重要措施，不少养羊场对防疫工作中的消毒认识不够，消毒制度执行不到位，导致羊病时有发生。因此羊场一定要先建立合理的消毒制度与程序。

（一）车辆、人员消毒

羊场大门入口处要设立消毒池（池与大门同宽，长为机动车车轮两周），内放 2% 氢氧化钠溶液，每周更换 1 次。进入生产区的工作人员，必须更换场区工作服、工作鞋，通过消毒池后进入消毒室，经过 5~10 分钟紫外线照射或喷雾消毒，方可进入工作区。严禁饲养人员相互串圈。

（二）圈舍消毒

坚持每天打扫羊舍、料槽、水槽，保持清洁卫生。保证 5 天一次的带畜消毒。

（三）空舍的常规消毒

首先彻底清扫干净粪尿。用清水冲洗干净，再用 3% 氢氧化钠喷洒和刷洗墙壁、笼架、槽具、地面，消毒 12 小时后，最后用清水冲洗干净，待干燥后，用 0.5% 过氧乙酸喷洒消毒。羊舍土壤表面消毒可用含 5% 有效氯的漂白粉溶液、4% 福尔马林或 10% 的氢氧化钠溶液。传染病所感染的地面土壤，则可先将地面翻一下，深度约 30cm，在翻地的同时撒上干漂白粉（用量为 $1m^2$ 面积 0.5kg），然后用水泅湿，压平。敞篷的圈舍可利用阳光来消除病原微生物；也可使用化学消毒药消毒。对于密闭羊舍，也可以使用 40% 甲醛按每立方米 45mL 熏蒸消毒（加入高锰酸钾 20g），但应注意室温不低于 15℃，12~24 小时打开门窗，除去甲醛气味。

（四）羊圈外环境消毒

羊圈外环境及道路要定期进行消毒，填平低洼地，铲除杂草，灭鼠、灭蚊蝇等。

（五）生产区专用设备消毒

生产区专用送料车每周消毒 1 次，可用 0.3% 过氧乙酸溶液喷雾消毒。进入生产区的物品、用具、器械、药品等要通过专门消毒后才能进入羊圈，可用紫外线照射消毒。

（六）尸体处理

尸体用掩埋法处理。应选择离羊场 100m 之外的无人区，找土质干燥、地势高、地下水位低的地方挖坑，坑底部撒上生石灰，再放入尸体，放一层尸体撒一层生石灰，最后填土夯实。

第十四章　肉羊常见病的诊断与治疗

肉羊的疾病是影响肉羊生产性能发挥的关键因素。疾病控制得好坏，将直接影响养殖户经济效益。按影响和危害肉羊生产的严重程度可将肉羊疾病划分病毒性传染病、细菌性传染病、寄生虫病、内科病和中毒病五大类。其中传染病是对养殖业危害最严重的一种。

第一节　肉羊常见的病毒性传染病

一、口蹄疫

口蹄疫是由口蹄疫病毒引起的一种羊的急性高度接触性传染病，直接或间接接触感染。其临床症状是以患病动物口腔黏膜、蹄部和乳房发生水泡和溃疡为特征，在民间俗称"口疮""蹄癀"。

（一）临床症状

潜伏期为1~7天。主要症状是体温升高，食欲废绝，精神沉郁，嘴角流水、跛行。口腔的水泡多发生在口膜，舌上水泡少见。山羊口腔病变比绵羊多见，水泡多发生在硬腭和舌面上。母羊常流产，蹄上的水泡较小。乳用山羊有时可见乳头上有病变，奶量减少。

哺乳羔羊多发生出血性胃肠炎，也有发生恶性病变的，呈急性心脏麻痹而死亡，死亡率可达20%~50%。

（二）病理变化

除口腔、蹄部的水泡和烂斑外，病羊消化道黏膜有出血性炎症，心肌色泽较淡，质地松软，心外膜与心内膜有弥散性及斑点状出血，心肌切面有灰白色或淡黄色、针头大小的斑点或条纹，如虎斑，称为"虎斑心"，以心内膜的病变最为显著。

（三）诊断

本病的临床症状比较明显，易于辨认。进一步确诊常须做实验室检验，但应注意与羊痘相区别。

（四）预防治疗

治疗的主要原则为强力退烧，加强护理为主。

①要严格畜产品的进出口，加强检疫，不从疫区引进偶蹄动物及产品；按照国家规定实施强制免疫，特别是种羊场、规模饲养场（户）必须严格按照免疫程序实施免疫。

②当动物发生口蹄疫后，应立即上报疫情，确定诊断，划定疫点、疫区和受威胁区，实施隔离封锁措施，对疫区和受威胁区的未发病动物进行紧急免疫接种，对被污染的环境彻底消毒。

③对病羊首先要加强护理，例如圈棚要干燥，通风要良好，供给柔软饲料和清洁的饮水（青草、面汤、米汤等），经常消毒圈棚。在加强护理的同时，根据患病部位有针对性的治疗。

④口腔患病用 0.1%～0.2% 高锰酸钾、2%～3% 明矾或 2%～3% 醋酸（或食醋）洗涤口腔，然后给溃烂面上涂抹碘甘油或 1%～3% 硫酸铜，也可撒施冰硼散。

⑤蹄部患病用 3% 臭药水、3% 煤酚皂溶液、1% 福尔马林或 3%～5% 硫酸铜浸泡蹄子。也可以用消毒软膏（1:1 的木焦油凡士林）或 10% 碘酒涂抹，然后用绷带包裹起来。最好不要多洗蹄子，因潮湿而妨碍痊愈。

⑥乳房患病应小心挤奶，用 2%～3% 硼酸水洗涤乳头，然后涂以消毒药膏。

⑦ 对于恶性口蹄疫的病羊，应特别注意心脏机能的维护，及时应用强心剂和葡萄糖注射液。为了预防和治疗继发性感染，也可以肌内注射青霉素。

二、羊痘

羊痘是由羊痘病毒引起的急性、热性传染病，通常以冬末、春初发病率最高，死亡率10% ~ 20%。一般情况下，羊自身可产生免疫力，逐渐康复，但若由于饲养环境不良或饲喂不当，也可引起继发感染，导致生长停滞或死亡，母羊易流产或死胎。

（一）流行特点

在自然条件下，绵羊痘病毒只能使绵羊发病，山羊痘病毒只能使山羊发病。病羊是主要的传染源，主要通过呼吸道感染，也可通过损伤的皮肤或黏膜侵入机体。本病传播快、发病率高，一年四季均可发生。我国多发于冬、春季节，易造成流行。

（二）临床症状

潜伏期5 ~ 6天，初期为单个或数个红色或紫红色的小丘疹、质地坚硬，以后扩大成为顶端扁平的水疱或出血性大疱及脓疱，中央可有脐凹，大小为3 ~ 5cm。在1 ~ 2天内疱破表面覆盖厚的淡褐色焦痂，痂四周有较特殊的灰白色或紫红色晕，以后变成乳头瘤样结节，最后变平、干燥、结痂而自愈。病程一般为3周，病愈后可获得永久性免疫。本病除局部有轻微肿痛外，无明显全身症状，局部淋巴结肿大。

（三）病理变化

表皮内有明显的细胞内及细胞间水肿，空泡形成及气球样变性，真皮有密集的细胞浸润，中央主要有组织细胞和巨噬细胞，周围有淋巴细胞和浆细胞。在真皮血管内皮细胞的胞浆里可以见到嗜酸性包涵体。

（四）诊断

根据临床症状会很容易判断。

（五）预防治疗

① 保持羊舍环境干燥、卫生，搞好羊的饲养管理。

② 在羊痘发病区，每年定期预防注射羊痘弱毒冻干苗，每只羊局部注射 0.5mL，可有效地控制疫病流行。

③ 发病地区严格病羊隔离，避免接触患羊痘的绵羊和山羊；圈舍饮水处及污染地用 0.5% 高锰酸钾水进行彻底消毒。

④ 药物治疗：无特效药，只能对症治疗。

1）用清水或 0.1% 高锰酸钾溶液清洗后涂以 5% 碘甘油或紫药水。

2）对细毛羊、羔羊可用抗生素或磺胺类药物治疗，防止发生继发感染。

3）用痊愈血清治疗，大羊为 10～20mL，小羊为 5～10mL，皮下注射。

⑤ 病死羊只深埋，地面火焰消毒。

三、羊蓝舌病

蓝舌病是以昆虫为传染媒介的反刍动物的一种病毒性传染病，主要发生于绵羊，其临床特征为发热、消瘦，口、鼻和胃黏膜的溃疡性炎症变化。由于病羊发育不良，个别羊只死亡、羊毛损坏，往往造成很大的经济损失。

（一）流行特点

绵羊为主要的易感动物，1 岁左右的青年羊发病率和死亡率高，吃奶的羔羊有一定的抵抗力。主要通过媒介昆虫库蠓叮咬传播，多发于湿热的晚春、夏季、早秋及池塘、河流分布广的潮湿低洼地区。该病的发生具有一定的周期性，每隔 3～4 年发生 1 次。初发地区发病率高达 50%～75%，死亡率为 20%～50%，第二次发病时，发病率和死亡率显著降低。

（二）临床症状

自然感染的潜伏期为 3~8 天，多数不超过 1 周；人工感染的潜伏期为 2~6 天。典型病羊是以体温升高到 40.5~41.5℃，稽留 2~3 天和白细胞显著减少开始。随后病羊精神萎靡，厌食，流涎，落群；上唇水肿，可蔓延至面颊、耳部；舌及口腔黏膜充血、发绀呈青紫色。发热几天后，口、唇、齿龈、颊、舌黏膜发生溃疡、糜烂，致使吞咽困难。继发感染引起坏死，口腔恶臭。鼻分泌物初为浆液性后为黏脓性，常带血，结痂于鼻孔四周，引起呼吸困难和鼾声，鼻黏膜和鼻镜糜烂出血。有的病例蹄冠、蹄叶发炎，触之敏感、疼痛，出现跛行。病羊消瘦、衰弱，有的便秘或腹泻，便中带血，最后死亡，病程 6~14 天。发病率30%~40%，病死率2%~30%，有时并发肺炎或胃肠炎，死亡率可高达90%。山羊的症状与绵羊相似，但一般较为轻微。

（三）病理变化

主要见于口腔、瘤胃、心、肌肉、皮肤和蹄部。口腔黏膜糜烂、出血，有深红色区，舌发绀；瘤胃和真胃溃烂、腐脱；呼吸道、消化道和泌尿道黏膜有出血点；肌肉出血、皮下组织广泛充血和胶样浸润；蹄冠等部位上皮脱落，蹄叶发炎并常溃烂。

（四）诊断

根据流行病学、临床和病理学特征，在本病首次发生的地区，只能做疑似蓝舌病的诊断，确诊必须进行血清学试验和病毒分离、鉴定。

（五）预防治疗

目前尚无有效治疗方法，对病羊应加强营养，精心护理，对症治疗。

① 应做好牧场的排水和灭螬工作，坚持羊群药浴、驱虫，加强饲养管理，搞好环境卫生。

② 对病羊要避免烈日、风吹、雨淋，饲喂易消化的饲料。

③ 在流行地区可在每年发病季节前 1 个月接种疫苗；在新发病地区可用疫苗进行紧急接种。

④ 对病羊可用磺胺类药或抗毒素治疗。

1）并用清水、食醋或 0.1% 的高锰酸钾溶液每天冲洗口腔和蹄部，再用 1%～3% 硫酸铜、1%～2% 明矾或碘甘油涂搽糜烂面；或用冰硼散外用治疗。

2）蹄部患病时先用 3%ｇ 辽林或 3% 来苏儿洗净，再用碘甘油或土霉素软膏涂拭，以绷带包扎。

3）注射磺胺类药或抗生素，可预防继发感染。严重病例可补液强心，用 5% 的糖盐水加 10% 的安钠咖 10mL 静脉注射，每天 1 次。

四、羊痒病

羊痒病由痒病朊病毒引起的成年绵羊和山羊的一种慢性发展的中枢神经系统变性疾病，主要表现为高度发痒，进行性的运动失调、衰弱和麻痹。

（一）流行特点

本病具有明显的家史，但以绵羊易感性高。一般发生于 2～4 岁羊，以 3 岁半羊发病率最高，1 岁半以内的羊很少发病。病羊是主要的传染源，接触感染。本病发病率低，感染羊群几乎每年都有少数羊死亡或被淘汰。

（二）临床症状

潜伏期很长，自然感染为 1～5 年，所以 1 岁以下的羊极少出现临床症状。病羊表现神经症状，初期兴奋性增高，易惊，共济失调，头颈或腹肋部肌肉发生频细震颤。发展期，病羊出现剧烈瘙痒，常啃咬腹肋部、股部或尾部，或在墙壁、栅栏、树干等物体上摩擦这些部位，致使被毛大量脱落，皮肤红肿发炎，甚至破溃出血。病羊体温正常，照常采食，但日渐消瘦，常不能跳跃。病程几周或几个月，病死率几乎达100%。

（三）病理变化

尸体消瘦，除了脱毛和抓伤以外，一些自然病例肉眼可见皱胃扩张。组织病理学检查时，最特殊的变化为脑髓及脊髓有两侧对称性的神经原海绵变性。最易受害的部位为视丘脑和小脑。脑脊髓神经原中具有空泡。中枢神经系统及其被膜广泛发生血管周围淋巴细胞浸润，脑血管有淀粉样变性，脑中有痒病相关原纤维。胶质细胞中的星状细胞肿胀，并可能增生。

（四）诊断

根据临床症状和流行病学分析可做出初步诊断。实验室诊断可见脑髓及脊髓中神经原的细胞质发生变性和空泡化。

区别诊断要注意与螨病、狂犬病和梅迪－维斯纳病的区别。螨病可由皮肤刮除物的镜检来证明；狂犬病常为急性，并且性欲亢进。梅迪－维斯纳病没有中枢神经海绵变性和星状细胞增高症。

（五）预防治疗

尚无有效疫苗和任何药物可用于预防和治疗。由于痒病具有特别长的潜伏期和病程，以及痒病病原的特殊稳定性，采用隔离、消毒等一般性预防措施均无效。因此，坚决不从有痒病病史的地区引进种羊，是预防该病的根本措施。

五、小反刍兽疫

小反刍兽疫是由小反刍兽疫病毒引起的一种急性病毒性传染病。主要感染小反刍兽，以发热、眼鼻分泌物、口炎、腹泻和肺炎为特征。

（一）流行特点

主要感染山羊、绵羊、羚羊、白尾鹿等小反刍动物，山羊发病较重，牛、猪也可感染，但通常为亚急性经过。可直接或间接感染。

（二）临床症状

小反刍兽疫潜伏期为4～6天，最长21天。突然发热，第2～3天体温达40～42℃高峰。发热持续3天左右，病羊死亡多集中在发热后期。

① 病初有水样鼻液，此后变成大量的黏脓性卡他样鼻液，阻塞鼻孔造成呼吸困难。鼻内膜发生坏死。眼流分泌物，遮住眼睑，出现眼结膜炎。

② 发热症状出现后，病羊口腔内膜轻度充血，继而出现糜烂。初期多在下齿龈周围出现小面积坏死，严重病例迅速扩展到齿垫、硬腭、颊和颊乳头以及舌，坏死组织脱落形成不规则的浅糜烂斑。部分病羊口腔病变温和，并可在48小时内愈合；多数病羊发生严重腹泻或下痢，造成迅速脱水和体重下降。怀孕母羊可发生流产。易感羊群发病率通常达60%以上，病死率可达50%以上。

（三）病理变化

口腔和鼻腔黏膜糜烂坏死；支气管肺炎，肺尖肺炎；有时可见坏死性或出血性肠炎，盲肠、结肠近端和直肠出现特征性条状充血、出血，呈斑马状条纹；个别可见淋巴特别是肠系膜淋巴结水肿，脾脏肿大并可出现坏死病变。

（四）诊断

根据临床症状和病理变化可做出初步诊断，确诊需进一步做实验室诊断。指定诊断方法为病毒中和试验，替代诊断方法为酶联免疫吸附试验。

（五）预防治疗

严禁从存在本病的国家或地区引进相关动物。

① 在发生本病的地区，可根据小反刍兽疫病毒与牛瘟病毒

抗原相关原理，用牛瘟组织培养苗进行免疫接种。

②一旦发生本病，应按《中华人民共和国动物防疫法》规定，采取紧急、强制性的控制和扑灭措施，扑杀患病和同群动物。疫区及受威胁区的动物进行紧急预防接种。

六、羊梅迪病和维斯纳病

梅迪－维斯纳病是成年绵羊的一种不表现发热症状的接触性传染病。临床特征是经过一漫长的潜伏期之后，表现间质性肺炎或脑膜炎，病羊衰弱、消瘦，最终死亡。

（一）流行特点

梅迪－维斯纳主要是绵羊的一种疾病，山羊也可感染。本病发生于所有品种的绵羊，无性别的区别。本病多见于2岁以上的成年绵羊，一年四季均可发生。可经胎盘和乳汁而垂直传染。吸血昆虫也可能成为传播者。本病多呈散发。

（二）临床症状

潜伏期长达2～6年，临床症状有两种类型。

1. 梅迪病

病羊早期症状是缓慢发展的倦怠、消瘦、呼吸困难，呈现慢性间质性肺炎症状，呈进行性加重，最终死亡。

2. 维斯纳病

病羊早期表现步样异常，尤其后肢常见，头部异常姿势，如唇、颜面肌肉震颤，病情缓慢进展并恶化，最后陷入对称性麻痹而死亡。

（三）病理变化

剖检病死羊的病变可见到脑脊髓液增多，脑膜充血、水肿，有时出血。

（四）诊断

依据临床症状、流行特点、病理变化可作出初步诊断。并注意与绵羊肺腺瘤病和痒病的区别。实验室可用琼脂扩散试验、补体结合试验以及病毒中和试验等血清学方法测定病羊血清中抗体，发现阳性者即可确诊。

（五）预防治疗

本病目前尚无疫苗和有效的治疗方法。因此，防治本病的关键在于防止健康羊接触病羊。发生本病后，将所有病羊一律淘汰。

① 必须坚持不从疫区引进种羊。

② 定期对羊群进行血清学检测，即时淘汰有临床症状及血清学阳性的羊及其后代，以清除本病，净化畜群。

③ 病尸和污染物应销毁或用石灰掩埋。圈舍、饲喂用具应用 2% 氢氧化钠或 4% 石炭酸消毒。污染牧地应停止放牧 1 个月以上。

七、绵羊肺腺瘤病

绵羊肺腺瘤病是由肺腺瘤病毒引起的绵羊的一种慢性肿瘤性疾病，又称绵羊肺癌或驱赶病。本病的主要特征是潜伏期长，肺泡和支气管上皮呈进行性腺瘤样增生，病羊咳嗽，流鼻涕，消瘦，呼吸困难。本病的发病率不高，但死亡率很高。

（一）流行病学

各种年龄和品种的绵羊均能感染，但品种间的易感性有所区别，以美利奴绵羊的易感性最高。病羊是主要传染源，主要经呼吸道传染，病羊咳嗽时排出的飞沫和深度气喘时排出的气雾中，含有带病毒的细胞或细胞碎屑，健康羊吸入后即被感染。该病主要呈地方性流行或散发性传播，发病率为 2% ~5%，死亡率可达 100%。

（二）临床症状

潜伏期 1~3 年，病羊常突然出现呼吸困难，病初一般体温正常，经常咳嗽，呼吸浅表，进一步呼吸困难，水样鼻漏，运动后呼吸困难加剧，抬高后肢或压低头部时鼻漏增多。听诊肺部有湿啰音。发病后期，病羊衰竭、消瘦、贫血，但仍站立。可继发化脓菌感染，引起化脓性肺炎。症状出现后常可持续 2～8 个月，最终病羊虚脱致死。

（三）病理变化

病变主要见于肺和心脏，有时也见于胸腔内淋巴结。整个肺脏的外观常因气肿、上皮增生、液体含量增多而显著增大，其体积可达正常肺脏的 3～4 倍。

早期，病羊肺尖叶、心叶和膈叶前缘等部位可见数量不等、呈弥散性分布的如粟粒或豌豆大小的灰白色结节，微微高出肺表面。随着病程的发展，出现较大的实变区，其边缘不整，质地硬脆，触之有滑腻感。切面呈明显的颗粒状突起，反光强，如有继发感染，则形成大小不等的脓肿。此外，患区胸膜增厚，常与胸壁或心包膜粘连。部分病例因肿瘤转移，致使局部淋巴结（支气管和纵隔淋巴结）增大，形成不规则肿块。左心室也会增生、扩张，在体腔内集聚有少量的渗出液。病理组织学检查，肺泡壁细胞和支气管黏膜上皮细胞增殖，形成瘤样化，肿瘤呈乳头状突起；腺瘤样化的肺泡中膈有不同程度的细胞浸润及结缔组织增生，造成中膈的显著肥厚。

（四）诊断

根据临床症状、流行病学进行诊断。确诊要做病理剖检及病理组织学检查，但注意与梅迪病、肺丝虫及其他肺炎相区别。

（五）预防治疗

本病目前尚无疫苗和有效的治疗方法。本病一旦在羊群中潜存，很难消灭，可持续危害多年。

预防本病的关键在于建立和保持无病畜群。对引进的羊只加强检疫，不从疫区引羊。一旦发现病羊，要坚决全群淘汰。平时要加强羊群的饲养管理，搞好卫生，圈舍经常清扫和彻底消毒。

八、山羊关节炎/脑炎

山羊病毒性关节炎-脑炎是由病毒引起的一种慢性传染病。临床特征是成年羊表现为慢性多发性关节炎，间或伴发间质性肺炎或间质性乳房炎；羔羊常呈现脑脊髓炎症状。

（一）流行特点

山羊是本病的主要易感动物，各种年龄的羊均有易感性。消化道是主要的感染途径，羔羊经吮乳而感染。感染母羊所产羔羊当年发病率为16%～19%，病死率高达100%。

（二）临床症状

依据临床表现分为3种类型：脑脊髓炎型、关节炎型和间质性肺炎型。

1. 脑脊髓炎型

潜伏期53～131天，主要发生于2～4月龄羔羊。有明显的季节性，80%以上的病例发生于3～8月，显然与晚冬和春季产羔有关。病初病羊精神沉郁、跛行，进而四肢强直或共济失调。一肢或数肢麻痹、横卧不起、四肢划动，有的病例眼球震颤、惊恐、角弓反张。少数病例兼有肺炎或关节炎症状。

2. 关节炎型

多发生于1岁以上的成年山羊，多见腕关节或膝关节肿大、跛行。发炎关节周围软组织水肿、发热、疼痛敏感，活动不便，常见前肢跪地膝行。个别病羊肩前淋巴结肿大，发病羊多因长期卧地、衰竭或继发感染而死亡。病程较长，1～3年不等。

3. 间质性肺炎型

较少见，无年龄限制，病程3～6个月。患羊进行性消瘦、咳嗽、呼吸困难，胸部叩诊有浊音，听诊有湿啰音。

除上述3种病型外，哺乳母羊有时发生间质性乳房炎。

（三）病理变化

主要病变见于中枢神经系统，四肢关节及肺脏，其次是乳腺。

1. 中枢神经

主要发生于小脑和脊髓的灰质，在前庭核部位将小脑与延脑横断，可见一侧脑白质有一棕色区。镜检见血管周围有淋巴样细胞、单核细胞和网状纤维增生，形成套管，套管周围有胶质细胞增生包围，神经纤维有不同程度的脱髓鞘变化。

2. 肺脏

轻度肿大，质地硬，呈灰色，表面散在灰白色小点，切面有大叶性或斑块状实变区。支气管淋巴结和纵隔淋巴结肿大，支气管空虚或充满浆液及黏液，镜检见细支气管和血管周围淋巴细胞、单核细胞或巨噬细胞浸润，甚至形成淋巴小结。肺泡上皮增生，肺泡隔肥厚，小叶间结缔组织增生，临近细胞萎缩或纤维化。

3. 关节

关节周围软组织肿胀波动，皮下浆液渗出。关节囊肥厚，滑膜常与关节软骨粘连。关节腔扩张，充满黄色粉红色液体，其中悬浮纤维蛋白条索或血瘀块。滑膜表面光滑，或有结节状增生物。透过滑膜可见到组织中钙化斑。

4. 乳腺

发生乳腺炎的病例，镜检见血管、乳导管周围及腺叶间有大量淋巴细胞、单核细胞和巨细胞渗出，继而出现大量浆细胞，间质常发生灶状坏死。

5. 肾脏

少数病例肾表面有 1～2mm 的灰白小点，镜检见广泛性的肾小球肾炎。

（四）诊断

依据病史、病状和病理变化可对临床病例做出初步诊断，确诊需进行病原分离鉴定和血清学试验。目前，广泛使用的血清学试验是琼脂扩散试验、酶联免疫吸附试验和免疫印迹试验。

（五）预防治疗

本病目前尚无疫苗和有效的治疗方法。

防治本病主要以加强饲养管理和采取综合性卫生防疫措施为主。加强检疫，禁止从疫区引进种羊；引入羊要严格检疫，羊群定期检疫，及时淘汰血清学阳性羊。

第二节　肉羊常见的细菌性传染病

除了病毒性传染病外，羊细菌性传染病也是影响肉羊健康生产的主要因素之一。目前，常见的侵害肉羊的细菌性传染病有炭疽、布鲁氏菌病、羔羊肺炎、羊李氏杆菌病、羔羊大肠杆菌病、羊沙门氏菌病、羊快疫、羊肠毒血症、羊猝疽、羊黑疫、羊传染性胸膜肺炎等。

一、炭疽

羊炭疽是由炭疽杆菌引起的一种人畜共患的急性、热性、败血性传染病。临床主要症状是突然发生，各天然孔流出黑色不凝血液，死亡后表现尸僵不全，血凝不良。全身皮下和浆膜下结缔组织呈出血性胶样浸润，脾脏急性肿大等。

（一）流行特点

该病发生有一定的季节性，多发于吸血昆虫多、雨水多、洪水多的 6~8 月。病羊是本病的主要传染源。炭疽病的传播途径较多，主要是消化道传染，也可经呼吸道或由吸血昆虫叮咬经皮肤传播。炭疽芽孢具有较强的抵抗力，当对病畜尸体处理不当，或其排泄物和分泌物未经彻底消毒，而污染了土壤、水源、饲料、用具和牧场时，尤其是被炭疽芽孢污染的土壤和草地，常可成为持久性的疫源地。

（二）临床症状

潜伏期一般1~3天，最长可达14天。羊临床表现多为最急性型，病羊突然倒地，昏迷，全身战栗，磨牙，从天然孔流出带有气泡的黑红色血液，常于数分钟内死亡。急性病例，病羊兴奋不安，行走摇摆，心悸亢进，脉搏增加，呼吸急促，可视黏膜呈蓝紫色，以后精神沉郁，卧地不起，天然孔流血，多在数小时内死亡。

（三）病理变化

怀疑是炭疽病的羊只禁止解剖。如有必要解剖，可在严防散毒的情况下进行。主要剖检变化为脾脏通常肿大2~4倍，包膜紧张或破裂，脾髓暗红如泥。

（四）诊断

根据流行病学特点和临床症状可怀疑为炭疽。确诊需进行细菌学和血清学检查。

（五）预防治疗

① 对发生过炭疽病的地区，用Ⅱ号炭疽芽孢苗一次免疫接种。各种羊均为皮下注射1mL，注苗后2周即可产生坚强的免疫力，免疫期为1年。

② 发生本病的疫区应进行封锁，病羊隔离治疗。封锁期间严禁车、羊及人出入。在最后1只病羊死亡或治愈后15天，再未发现新病羊时，经彻底消毒后，方可解除封锁。

③ 对污染地面和用具彻底消毒，尸体不得解剖，应焚烧或在远离水源处深埋。

④ 治疗。

血清疗法：抗炭疽血清是治疗炭疽病的特效药。治疗剂量为

50～120mL，如用药后 6 小时病情未明显好转，可再用 1 次。预防剂量为 16～20mL，预防有效期为 10～14 天。

抗菌药物疗法：青霉素、链霉素、土霉素、磺胺类药物对炭疽病有较好的疗效。几种抗菌药物合用或抗菌药物与抗炭疽血清共同使用，效果更为显著。

二、布鲁氏菌病

布鲁氏菌病是由布鲁氏菌引起的人畜共患的慢性传染病。其特点是生殖器官、胎膜及多种器官组织发炎、坏死和肉芽肿的形成，引起流产、不孕、睾丸及关节炎等症状。多种动物对本病均有不同程度的易感性，自然感染以羊、牛和猪常见。

（一）流行特点

感染的主要途径为消化道，其次是皮肤。一般情况下，母羊比公羊易患病，成年羊比羔羊易患病。在缺乏消毒防护的条件下，接生、护理病畜最易造成人员感染。本病的传染原是病畜及带菌者（包括野生动物）。本病的主要传播途径是消化道，即通过污染的饲料与饮水而感染。其他如通过结膜、交媾也可感染。吸血昆虫可以传播本病。

（二）临床症状

绵羊及山羊感染布鲁氏菌常不表现症状，表现的症状也是流产。流产前，食欲减退，口渴，萎靡，阴道流出黄色黏液。流产发生在妊娠后第 3 或第 4 个月。有的山羊流产 2～3 次，有的则不发生流产。其他症状可能还有乳房炎、支气管炎、关节炎及滑液囊炎而引起跛行。公羊睾丸炎、乳山羊的乳房炎常较早出现，乳汁有结块，乳腺组织有结节性变硬。绵羊布鲁氏菌可引起绵羊的附睾炎。

（三）病理变化

可见胎儿败血症变化，组织器官（子宫、乳房、胎衣、睾丸及附睾）的炎性反应（渗出、坏死、化脓或干酪化）及细胞增生形成肉芽肿（结节由上皮样细胞及巨噬细胞组成）至瘢痕化。

（四）诊断

布鲁氏菌病实验室诊断，除流产材料的细菌学检查外，山羊、绵羊群检疫用变态反应方法比较合适，少量的羊只常用凝集试验与补体结合试验。

（五）预防治疗

① 应当着重体现"预防为主"的原则。在未感染的畜群中，控制本病传入最好的办法是自繁自养，必须引进种畜或补充畜群时，要严格执行检疫。

② 受威胁地区应对畜群定期检疫和免疫接种。疫苗可用布鲁氏菌羊型 5 号弱毒活苗注射和气雾免疫。

③ 疫区应搞好定期检疫、隔离、消毒、杀虫、灭鼠、处理病畜、培育健康幼畜和免疫接种等工作。

三、羔羊肺炎

羔羊肺炎是由乳房炎杆菌引起的一种急性烈性传染病。其特点是发病急、传染快、常造成大批死亡。

（一）流行特点

羔羊肺炎多发于 1～3 周以内的初生羔羊。与气候变化和饲养环境有直接关系，一般气温急剧下降、圈舍温度突变、天气阴雨连绵、圈舍卫生环境恶劣、因其他疾病其机体抵抗力下降，均易引发和导致羔羊发生肺炎。

（二）临床症状

发病后羔羊体温升高至 41℃，呼吸、脉搏加快，食欲减退或废绝。精神不振，咳嗽，鼻子流出大量黏液脓性分泌物。病势逐渐加重，多在几天内死亡。能痊愈者也会发育不良，长期体内带菌并传染健康羊。

（三）预防治疗

① 发现母羊患传染性乳房炎时，要及时把羔羊隔离，不让其吃病羊乳汁，改喂健康羊乳汁。同时对病母羊污染的圈舍、场地、用具等清扫干净，彻底消毒。对病羔加强护理，饲养在温暖、光亮、宽敞、干燥的圈舍内，多铺和勤换垫草。

② 羔羊发病初期，可用青霉素、链霉素或卡那霉素肌内注射，每天 2 次。用量：青霉素 1 万 ~ 1.5 万单位/kg 体重，链霉素 10mg/kg 体重，卡那霉素 5 ~ 15mg/kg 体重。

四、羊李氏杆菌病

羊李氏杆菌病又称旋转病，是由单核细胞增多性李氏杆菌引起的人畜共患的一种散发性传染病。临床特征是病羊神经系统紊乱，表现转圈运动，面部麻痹，孕羊可发生流产。

（一）流行特点

易感动物的种类范围广，通过消化道、呼吸道及损伤的皮肤而感染；呈散发性，发病率低，病死率很高。

（二）临床症状

自然感染的潜伏期为 2 ~ 3 周，病羊短期发热，精神抑郁，食欲减退，多数病例表现脑炎症状，如转圈、倒地、四肢做游泳姿势，颈项强直。角弓反张，颜面神经麻痹，嚼肌麻痹，咽麻痹，昏迷等。孕羊可出现流产。羔羊多以急性败血症而迅速死亡，病死率甚高。

（三）病理变化

剖检一般没有特殊的肉眼可见病变。有神经症状的病羊，脑及脑膜充血、水肿，脑脊液增多，稍浑浊。流产母羊都有胎盘炎，表现子叶水肿坏死，血液和组织中单核细胞增多。

（四）诊断

由于本病症状的多样性，临床诊断比较困难。病羊如表现特殊神经症状、流产、血液中单核细胞增多,可疑为本病。确诊必须用微生物学方法。

（五）预防治疗

（1）预防　平时注意清洁卫生和饲养管理,消灭啮齿动物;发病地区,应将病畜隔离治疗;病羊尸体要深埋,并用5%来苏儿对污染场地进行消毒。

（2）治疗　病羊早期可采取大剂量磺胺类药与抗生素并用,疗效较好。用20%磺胺嘧啶钠,按每千克体重5~10mL;庆大霉素,按每千克体重1 000~1 500单位,肌内注射。病羊出现神经症状时,可用盐酸氯丙嗪治疗,按每千克体重1~3mg用药。

五、羔羊大肠杆菌病

羔羊大肠杆菌病是由致病大肠杆菌所引起的一种急性传染病,俗称羔羊白痢。多发生在初生羔羊,主要表现急性败血症和胃肠炎,死亡率很高。

（一）流行特点

多发生于数天至6周龄的羔羊,呈地方性流行,也有散发的。气候不良、营养不足、场地潮湿污秽等,易造成发病,主要在冬春舍饲期间发生,经消化道感染。

（二）临床症状

潜伏期1~2天,分为败血型和下痢型两种类型。

1. 败血型

多发于2~6周龄的羔羊。病羊体温41~42℃,精神沉郁,迅速虚脱,有轻微的腹泻或不腹泻,有的带有神经症状,运步失调,磨牙,视力障碍,也有的病例出现关节炎,多于病后4~12小时死亡。

2. 下痢型

多发于2~8日龄的新生羔羊。病羊初体温略高,出现腹泻后体温下降，粪便呈半液体状，带气泡，有时混有血液，羔羊表现腹痛，虚弱，严重脱水，不能起立；如不及时治疗，可于24~36小时死亡。

（三）病理变化

1. 败血型病羊

胸、腹腔和心包大量积液，内有纤维素；关节肿大，内含混浊液体或脓性絮片；脑膜充血，有很多小出血点。

2. 下痢型病羊

胃内乳凝块发酵，肠黏膜充血、水肿和出血，肠内混有血液和气泡，肠系膜淋巴结肿胀，切面多汁或充血。

（四）诊断

根据流行病学、临床症状可做出初步诊断，确诊需进行细菌学检查。

（五）预防治疗

1. 预防

加强孕羊的饲养管理，改善羊舍的环境卫生，保持母羊乳头清洁，尽早让羔羊吃到足够的初乳。

2. 治疗

大肠杆菌对土霉素、磺胺类和呋喃类药物都具有敏感性，但必须配合护理和其他对症治疗。

① 使用各种抗生素，四环素、强力霉素、新霉素、黄连素，并发肺炎可注射青霉素或恩诺沙星。

② 调整胃肠机能，纠正酸中毒，对脱水严重的，静脉注射5%的葡萄糖生理盐水500mL。

③ 呋喃唑酮，按每日每千克体重5~10mg，分2~3次口服，新生羔羊再加胃蛋白酶0.2~0.3g；对心脏衰弱的，皮下注射25%安钠咖0.5~1mL。

六、羊沙门氏菌病

羊沙门氏菌病主要由鼠伤寒沙门氏菌、羊流产沙门氏菌、都柏林沙门氏菌引起羊的一种传染病，以羊发生下痢、孕羊流产为特征。

（一）流行特点

可通过消化道和呼吸道引起感染，病羊和健康羊交配或用病公羊的精液人工授精也可感染。本病发生于不同年龄的羊，无明显的季节性，育成羊常于夏季和早秋发病，孕羊主要在晚冬、早春季节发生流产。

（二）临床症状

潜伏期因年龄、应激因子和侵入途径不同而不同。羔羊副伤寒多见于 15～30 日龄的羔羊，食欲减退，腹泻，排黏性带血稀粪，有恶臭；精神萎靡，继而倒地，经 1～5 天死亡。绵羊流产多见于妊娠的最后 2 个月，厌食，精神抑郁，部分羊有腹泻症状。

（三）病理变化

下痢型病羔尸体消瘦，真胃与小肠黏膜充血，肠道内容物稀薄如水，肠系膜淋巴结水肿，脾脏充血，肾脏皮质部与心外膜有出血点；流产、产死胎或生后 1 周内死亡，表现败血症病变，组织水肿，充血，肝脾肿胀，有灰色病灶，胎盘水肿、出血。

（四）诊断

根据发病特点、临床症状和病理变化做出诊断的疑病羊，再进行细菌分离鉴定加以确诊。

（五）预防治疗

① 加强饲养管理，做好消毒工作，消除传染源。

② 用土霉素或新霉素，羔羊每天 30～50mg/kg 体重，分 3 次内服；成年羊每天两次 10～30mg/kg 体重，肌内或静脉注射。

七、羊快疫

本病病原为腐败梭菌引起的一种急性传染病。特征是羊只突然发病，病程短促，真胃出血性、炎性损害为特征。

（一）流行特点

本病多为 6～18 月龄营养较好的绵羊，山羊较少，多发于春、秋季节。当羊采食了污染的饲料或饮水后，在外界气候骤变或体内寄生虫的作用造成机体抵抗力下降时可诱发本病，以散发为主，发病率低而病死率高。

（二）临床症状

最急性型：潜伏期尚不明显，病羊突然停止采食和反刍，磨牙、腹痛、呻吟，四肢分开，后躯摇摆，呼吸困难，口鼻流出带泡沫的液体。痉挛倒地，四肢呈游泳状，2～6 小时死亡。

急性型：病初精神不振，食欲减退，行走不稳，排粪困难，卧地不起，腹部膨胀，呼吸急促，眼结膜充血，呻吟流涎。粪便中带有炎性产物或黏膜，呈黑绿色。体温升高到 40℃ 以上时呼吸困难，不久后死亡。

（三）预防治疗

由于本病的病程短促，往往来不及治疗就突然死亡。因此，必须加强平时的防疫措施。

① 加强饲养管理，坚持舍饲，防止放牧时误食被病菌污染的饲料和饮水。

② 该病以预防为主。每年定期接种"羊快疫、肠毒血症、猝疽三联苗"或"羊快疫、肠毒血症、猝疽、羔羊痢疾、黑疫五联苗"，羊只不论大小，一律皮下或肌内注射 5mL，注射疫苗后 2 周产生免疫力，保护期达半年。

③ 治疗：病羊一般来不及治疗就死亡。对病程稍长的羊，可用以下方法治疗。

1）可肌注青霉素每次80万～160万单位，首次剂量加倍，每天3次，连用3～4天。

2）复方磺胺嘧啶钠注射液按每次每千克体重0.015～0.02g（以磺胺嘧啶计）肌内注射，每天2次。

3）内服磺胺脒0.2g/kg体重，第二天减半，连用3～4天。

八、羊肠毒血症

羊肠毒血症又称"软肾病"或"类快疫"，是由D型魏氏梭菌在羊肠道内大量繁殖产生毒素引起的，主要发生于绵羊的一种急性毒血症。本病以急性死亡、死后肾组织易于软化为特征。

（一）流行特点

发病以绵羊为多，山羊较少。通常以2～12月龄、膘情较好的羊只为主。本病的发生常表现一定的季节性，牧区以春夏之交抢青时和秋季牧草结籽后的一段时间发病为多，农区则多见于收割抢茬季节或采食大量富含蛋白质饲料时。一般呈散发性流行。

（二）临床症状

本病发生突然，病羊呈腹痛、肚胀症状。患羊常离群呆立、卧地不起或独自奔跑。濒死期发生肠鸣或腹泻，拉黄褐色水样稀粪。病羊全身颤抖、磨牙，头颈后仰，口鼻流沫，于昏迷中死去。体温一般不高，血、尿常规检查有血糖、尿糖升高现象。

（三）病理变化

病变主要限于消化道、呼吸道和心血管系统。真胃内有未消化的饲料，肠道特别是小肠充血、出血，严重者整个肠段肠壁呈血红色或有溃疡。肺脏出血、水肿，肾脏软化如泥样，一般认为是一种死后的变化。体腔积液，心脏扩张，心内、外膜有出血点。

（四）诊断

初步诊断可以依据本病发生的情况和病理变化，发现高血糖和尿糖也有诊断意义。确诊本病需依靠实验室检验。

（五）预防治疗

① 参照羊快疫。

② 本病病程短促，有时来不及治疗。羊群出现病例多时，对未发病羊只可内服 10% ~ 20% 石灰乳 500 ~ 1 000 mL 进行预防。

九、羊猝疽

该病是由 C 型魏氏梭菌所引起的一种毒血症，以急性死亡、腹膜炎和溃疡性肠炎为特征。

（一）流行特点

与羊快疫和羊肠毒血症相同。

（二）临床症状

C 型魏氏梭菌随饲草和饮水进入消化道，在小肠的十二指肠和空肠内繁殖，产生毒素引起发病。病程短，未见症状突然死亡，有时病羊掉群、卧地、表现不安、衰弱或痉挛，数小时内死亡。

（三）诊断

羊黑疫、羊快疫、羊猝疽、羊肠毒血症等梭菌性疾病由于病程短促，病状相似，在临床上不易互相区别。同时，这一类疾病在临床上与羊炭疽也有相似之处，因此，应注意类似症状的区别。

（四）预防治疗

参照羊快疫。

十、羊黑疫

羊黑疫又称传染性坏死性肝炎，是绵羊、山羊高度致死性毒血症，病的特征是肝脾的坏死病灶。本病的病原为 B 型诺维氏梭菌。

（一）流行特点

本病主要发生于春夏，肝片吸虫流行的低洼地区。

（二）临床症状

临床上与羊快疫、肠毒血症等极其类似，无食欲，呼吸困难，体温41.5℃左右，少数病程可达1~2天，但没有超过3天的。

（三）病理变化

病羊尸体皮下静脉显著充血，观之呈黑色（黑疫之名由此而来），胸部皮下水肿，浆膜腔有积液并在空气中易凝固，腹腔液稍带红色。肝脏充血肿胀，有一个或多个凝固性坏死灶，坏死灶界限清晰，可达2~3cm，切面呈半圆形。

（四）诊断

羊黑疫、羊快疫、羊猝疽、羊肠毒血症等梭菌性疾病由于病程短促，病状相似，在临床上不易互相区别。同时，这一类疾病在临床上与羊炭疽也有相似之处，因此，应注意症状相似的区别。

（五）预防治疗

① 预防此病首先在于控制肝片吸虫的感染。特异性免疫可用羊黑疫、羊快疫二联苗或厌气菌七联干粉苗进行预防接种。

② 发生本病时，应将羊群转移到高燥地区。对病羊可用抗诺维氏梭菌血清（每毫升含7 500IU）治疗。

③ 治疗

1）用青霉素80万~160万单位，2次/日。

2）注射抗诺维氏梭菌血清，50~80mL/次，连用1~2次。

3）控制肝片吸虫的感染。

十一、羊传染性胸膜肺炎

羊传染性胸膜肺炎又称羊支原体性肺炎，是由支原体引起的一种高度接触性传染病，秋季多发。临床特征为高热、咳嗽、胸腔和胸膜发生浆液性和纤维素性炎症，病死率较高。

（一）临床症状

该病潜伏期一般为 5～20 天，也有长达 30～40 天的。新疫区急性型较多，病羊初期体温可高达 41～42℃，精神沉郁，食欲减退，反刍减少。随即咳嗽，浆液性鼻液，随着病情的发展变为干咳，鼻液呈黏性或脓性，附于鼻孔的周边，有的呈铁锈色。眼睑肿胀，流泪或黏液性的分泌物。怀孕母羊会出现流产，按压病羊胸部出现敏感、疼痛、背腰弓起的表现，肺部听诊有啰音和胸膜磨擦音。病期一般为 7～15 天，少数可转为慢性。

（二）病理变化

主要表现于呼吸系统，其次是消化系统。气管、支气管有大量泡沫性分泌物。胸腔有淡黄色渗出液，肺与胸腔、胸膜广泛粘连。肺的尖叶、膈叶部分发生实变、萎缩。淋巴结肿大、切面多汁。肝脏肿大，质地变硬。肠系膜淋巴结肿大，大肠出现便秘。

（三）诊断

根据典型的流行病学特点、临床症状和病理变化及胸膜肺炎可作出初步诊断。如有条件可进行病原分离鉴定、间接血凝试验、生长抑制试验确诊。但应注意与巴氏杆菌病相区别。

（四）预防治疗

发现病羊和可疑羊应立即隔离治疗。

① 坚持自繁自养，杜绝从疫区购羊。

② 一旦有羊只发病，应紧急预防接种。6 月龄以下羊皮下或肌内注射山羊传染性胸膜肺炎氢氧化铝疫苗 3mL，6 月龄以上羊注射 5mL。

③更换垫料，改善羊舍通风条件，及时用2%氢氧化钠和3%来苏儿隔日交叉消毒。

④治疗羊传染性胸膜肺炎可选用新胂凡纳明（914）、磺胺嘧啶钠、土霉素、四环素、泰妙菌素、氟苯尼考等。

1）新胂凡纳明静脉注射（注射前半小时先注射强心剂），每千克体重成年羊0.4~0.5g，5月龄以上幼羊0.2~0.4g，羔羊0.1~0.2g，每3天注射1次。

2）10%氟苯尼考注射液每千克羊体重0.05mL肌内注射，每天1次。

3）每100kg饮水中加入5g支原净（泰妙菌素）给羊自由饮水，连用7天，治愈率达92%。

第三节 羊的寄生虫病

寄生虫病是肉羊养殖过程中常见的疾病之一，它通过动物机体引起组织机能障碍而直接影响肉羊的消化吸收，继而影响生长发育。目前，影响肉羊生长发育的寄生虫病多达数十种，由于大部分寄生虫使用一般性驱虫药即可全部杀死。所以，我们在驱除主要影响肉羊生产的重要寄生虫病时，就达到了其他寄生虫病的净化效果，故在本章节只介绍疥癣、虱蝇、线虫、绦虫、肝片吸虫和羊鼻蝇等6种病。

一、疥癣病

羊疥癣病又叫羊螨病，是由各种螨（俗称疥癣虫）引起的一种高度接触性、传染性皮肤病，它不仅影响羊毛的产量、质量，还引起机体的消瘦、贫血，制约养羊业的发展。

（一）流行特点

主要由病羊与健康羊互相接触而感染，也可由间接接触的方式感染，如饮水处、牲畜交易市场、公用厕栏、有灌木的放牧地、饲养用具及使役用具等。此外野生动物、饲养人员的手、衣服、看守犬、喜鹊等都能传播病原。在雨季繁殖很快，容易蔓延，到冬季发展到高峰。

（二）临床症状

疥癣虫侵袭羊体后，病初多发生于身体毛长的皮肤处，如背部、尾及臀部。秋冬季节及剪毛前是疥癣虫活动适宜期，繁殖特别迅速，很快会蔓延到体侧及全身。起初表现发痒，尤其夜间与清晨病羊极其不安，到处磨擦、搔蹭或啃咬患部。被毛先潮湿后松乱，患病部位皮肤增厚、发炎，失去弹性。病羊逐渐消瘦、贫血、脱毛，在严寒季节里，多因极度消瘦而死亡。

（三）预防治疗

① 大面积感染时外擦治疗效果差，采用虫克星胶囊治疗简便易行，疗效好。每羊 1 粒（0.2g），温开水灌服。药浴采用50%辛硫磷乳油，稀释浓度为 0.025% ~ 0.05%。

② 小面积感染时，可用 2% ~ 3% 来苏儿消毒患处，然后撒些硫酸铜粉末，用纱布包扎。

③ 大群发病时，可在羊舍门口设水泥池作药浴池，池内放入 8% ~ 10% 硫酸铜溶液，羊出入洗涤 2 ~ 3 次。

二、羊虱蝇病

羊虱蝇病是虱蝇侵袭绵羊而引起的一种慢性皮肤性疾病，它是以发痒性骚扰与季节性波动为特征。羊因发生咬伤及痒觉，很不安静，用牙齿搔咬或撩痒，继而造成体重减轻、贫血。

（一）流行特点

虱蝇寄生于绵羊皮肤，度过它的整个生活周期。成年虱蝇靠穿刺皮肤采食并摄入血液。使羊烦扰不安，影响羊的采食，因而减少肉和毛的生产。

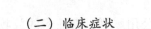

（二）临床症状

在羔羊与剪毛的绵羊，容易检查成年虱蝇与虱蝇蛹，但在有毛的绵羊身体上，它们隐匿在羊毛内，需要分开羊毛纤维细心检查。它们集中在颈、胸壁、臀部与腹部的皮肤上。虽然少量不引起障碍，大量则引起不安、采食减少及生长速度停滞。患羊咬、踢与磨擦它们的受侵袭的皮肤，可机械地损伤羊毛，使毛粗糙、断裂与脱落。在受侵袭的羊群中，所有个体可能持续地被寄生，但很少有死于无并发症的虱蝇侵袭。

（三）诊断

通过在皮肤上和羊毛内发现致病数目的虱蝇进行诊断。根据虱蝇的大小、颜色容易与其他节肢动物寄生虫区别开来。

（四）预防治疗

受虱蝇侵袭的羊群，必须在剪毛后6周内进行药物治疗。来自有虱蝇羊群的绵羊，在加入无虱蝇的羊群前必须进行检疫与治疗。无虱蝇的绵羊不许放到受虱蝇侵袭的羊舍。

三、羊肺线虫病

羊肺线虫病是由网尾线虫寄生在气管、支气管、细支气管乃至肺实质引起的支气管炎和肺炎为主要症状的疾病，主要侵害绵羊和山羊，病羊表现发育障碍，产品质量降低，病情严重者往往造成羊群的大量死亡。

（一）临床症状

羊群遭受感染时，首先个别羊干咳，继而成群咳嗽，运动时和夜间更为明显。在频繁而痛苦的咳嗽时，常咳出含有成虫、幼虫及成卵的黏液团块；并且鼻孔中排出黏稠分泌物，干涸后形成鼻痂，从而使呼吸更加困难。病羊常打喷嚏，逐渐消瘦，贫血，头、胸及四肢水肿，被毛粗乱。羔羊症状严重，死亡率也高，羔羊轻度感染或成年羊感染时的症状表现较轻。小型肺线虫单独感染时，病情表现比较缓慢，只是在病情加剧或接近死亡时，才明显表现为呼吸困难、干咳或呈暴发性咳嗽。

（二）病理变化

主要表现在肺部，可见有不同程度的肺膨胀不全和肺气肿，肺表面隆起，呈灰白色，触摸时有坚硬感；支气管中有黏性或脓性混有血丝的分泌团块。

（三）诊断

可根据临床症状、检查幼虫和尸体剖检做出诊断；临床症状主要特点是阵发性咳嗽和流鼻涕等。

（四）预防治疗

① 改善饲养管理，提高羊的健康水平和抵抗力，可缩短虫体寄生时间。

② 在本病流行区，每年春秋两季（春季在 2 月、秋季在 11 月为宜）进行两次以上定期驱虫，驱虫治疗期应将粪便进行生物热处理。

③ 加强羔羊的培育，羔羊与成羊分群放牧，并饮用流动水或井水；有条件的地区，可实行轮牧；避免在低洼沼泽地区放牧；冬季应予适当补饲。

④ 治疗

1）按每千克体重 10～20mg，1 次灌服，肌内或皮下注射，按每千克体重 10～12mg。

2）左旋咪唑：按每千克体重 8mg，1 次灌服；肌内或皮下注射，按每千克体重 5～6mg。

3）丙硫苯咪唑：按每千克体重 5～10mg，1 次灌服。

4）苯硫咪唑：按每千克体重 5mg，1 次灌服。

5）氰乙酰肼（网尾素）：按每千克体重 17mg，1 次灌服，每天 1 次，连用 3～5 天；或按每千克体重 15mg，皮下或肌内注射。

6）亚砜咪唑：按每千克体重 5mg，1 次灌服。

四、绦虫病

绦虫病是由莫尼茨绦虫等寄生于牛、绵羊、山羊的小肠中引起的疾病。羔羊受害严重，生长发育受阻，常可引起死亡。

（一）流行特点

绦虫病在我国分布广泛，主要危害羔羊和犊牛；中间宿主为地螨；感染季节多在 4~6 月或 5~8 月。在终宿主体内经 45~60 天发育为成虫，在牛羊体内寄生期限一般为 3 个月。

位于羊肠道内的羊绦虫成熟节片及虫卵随粪便排到体外后，被中间宿主地螨吞食，在其体内一个月左右发育为具有感染力的似囊尾蚴，羊吞食这样的地螨，似囊尾蚴即在宿主羊肠道内翻出头节，吸附在肠黏膜上发育成成虫，便以机械作用、毒素作用和夺取营养而使羊致病。

（二）临床症状

食欲减退，饮欲增加，精神不振，营养不良，发育受阻，消瘦，贫血，颌下、胸前水肿；肠炎，腹泻，或便秘与下痢交替，重者因病恶化而死。虫体分泌、代谢产物致神经中毒，后期有神经症状。注意与脑包虫和羊鼻蝇蛆病区别，腹痛甚至死亡。

（三）病理变化

尸体消瘦，肌肉色淡，胸腹腔渗出液增多。有时可见肠阻塞或套叠、扭转甚至破裂。小肠黏膜卡他性炎症，肠扩张、充气，重者肠黏膜上有小出血点。小肠内有绦虫。

（四）诊断

查节片或链体，漂浮法查虫卵，诊断性驱虫，剖检查虫。

（五）预防治疗

① 采用圈养的饲养方式，以免羊吞食含有地螨的草而感染绦虫病。

② 不要在潮湿地放牧，尽可能少在清晨、黄昏和雨天放牧，以避免感染病菌。

③ 羊粪要及时集中堆积发酵，以杀死虫卵。经过驱虫的羊群，不要到原地放牧，要及时地转移到安全牧场，可有效地预防绦虫病的发生。

④ 定期防疫驱虫：舍饲改放牧前对羊群驱虫，放牧一个月内驱虫两次，羊每千克体重用丙硫咪唑 10mg，或用氯硝硫胺 10mg，或用硫双二氯酚 75 ~ 150mg，或用吡喹酮 75mg，连用 3 天。

⑤ 治疗

1）口服 1% 的硫酸铜，1 ~ 6 个月的羔羊用 15 ~ 45mL、7 个月以上的羊用 45 ~ 100mL。

2）口服砷制剂，如砷酸铅、砷酸亚锡、砷酸钙，羔羊 0.5g、成年羊 1g，然后供给油类泻剂，帮助排除虫体。

3）氯硝柳胺，每千克体重 50 ~ 75mL，一次口服。

五、羊肝片吸虫病

肝片吸虫病又名羊肝蛭病，是由肝片吸虫引起的羊最主要的寄生虫病之一。该病能引起急性或慢性的肝炎和胆管炎，并继发中毒和营养障碍，常引起幼畜的大批死亡。

（一）流行特点

该病多发生在夏秋两季，6 ~ 9 月为高发季节。羊吃了附着有囊蚴（虫卵→毛蚴→钻入椎实螺体内→胞蚴→雷蚴→尾蚴→从螺体逸出→囊蚴）的水草而感染，各种年龄、性别、品种的羊均能感染，羔羊和绵羊的病死率高。常呈地方性流行，在低洼和沼泽地带放牧的羊群发病较严重。

（二）临床症状

精神不振，贫血，消瘦，眼睑、下颌、胸下及腹下水肿，食欲减少或异嗜，拉稀，粪呈黑褐色。肝脏肿大，触诊有痛感，有时有黄疸症状，严重时可引起死亡。在秋季严重感染时，有的为急性发作；体温升高，精神沉郁，因大量幼虫进入肝脏，引起创伤性出血性肝炎。

（三）病理变化

病羊由于大量出血，可视黏膜急剧变为苍白，肝脏肿大；触诊有痛感，常迅速死亡。

（四）诊断

从病羊粪便中查出虫卵，或剖检病羊尸体从肝脏和胆管中查找出大量虫体，即可确诊。

（五）预防治疗

需要采取综合防治措施。

① 定期驱虫。一般每年坚持普遍驱虫 1 次，时间最好在每年的秋末冬初；疫区每年春、秋两季各驱虫一次。

② 处理粪便。羊的粪便要堆积发酵，利用生物热杀死虫卵。

③ 严格饮水、选地放牧。饮水要饮自来水、井水或流动的水，不到沼泽、低洼处放牧。

④ 消灭中间宿主椎实螺，可结合水土改造进行。在流行地区，可用 1∶5 000 的硫酸铜溶液或石灰、氨水等消灭螺体。

⑤ 治疗

1）硫双二氯酚（别丁），对驱除成虫有效。按羊每千克体重 80～100mg，灌服。使用后有较强泻下作用，弱羊慎用。

2）丙硫苯咪唑（抗蠕敏）：用于驱除成虫。按羊每千克体重 20mg，1 次灌服。

3）硝氯酚（拜耳 9015）：驱除成虫有高效，剂量可按羊每千克体重 4～6mg，1 次灌服。

4）四氯化碳：驱除成虫效果显著，但有一定副作用。剂量：成年羊 2mL，羔羊 1mL。装在胶囊内口服，或按 1∶4 比例混合液体石蜡灌服；也可以按 1：1 的比例混合后肌内注射或瘤胃内注射。如以纯四氯化碳肌注，为了减少刺激，必须进行多点注射。临近出栏的肉羊禁止使用。

六、羊鼻蝇

羊鼻蝇虫病是由羊鼻蝇虫寄生在羊的鼻腔及颅窦内而引起的一种寄生虫病。近年来，在许多地方的农户喂养的羊群中，由于对羊鼻蝇虫病的防治没有引起足够的重视，致使羊鼻蝇虫病感染率急骤上升，以致影响到羊的正常生长发育，严重影响羊的育肥效果。

（一）流行特点

羊鼻蝇成虫多在春、夏、秋出现，尤以夏季为多。成虫在 6～7 月开始接触羊群，雌虫在牧地、圈舍等处飞翔，钻入羊鼻孔内产幼虫。经 3 期幼虫阶段发育成熟后，幼虫从深部逐渐爬向鼻腔，当患羊打喷嚏时，幼虫被喷出，落于地面，钻入土中或羊粪堆内化为蛹，经 1～2 个月后成蝇。雌雄交配后，雌虫又侵袭羊群再产幼虫。

（二）临床症状

羊鼻蝇侵袭羊群产幼虫时，羊群骚动，惊慌不安，食欲减退，羊只消瘦。羊鼻蝇的 1、2、3 期幼虫在鼻腔等处寄生时，病羊开始分泌浆液性鼻液，以后流出脓性鼻液，有时带血，在鼻孔周围形成硬痂，使鼻孔堵塞，呼吸困难，表现为摇头、甩鼻、打喷嚏，食欲不振，畜体更加消瘦。如果一期幼虫进入颅腔，病羊可出现回旋、痉挛、麻痹等神经症状，最后极度衰竭而死。

（三）预防治疗

防治羊鼻蝇蛆病，应以消灭寄生在羊鼻腔等处的第一期幼虫为主要措施，这不仅可阻断病情发展，使羊只危害减轻，同时，也可防止三期幼虫落地成蛹再羽化为成蝇。驱虫季节在每年的 7

月下旬至 8 月上旬。

① 敌百虫溶液：每千克体重 0.1g，溶于水中 1 次内服。

② 敌百虫酒精溶液：成年羊每千克体重 3～4g，溶于 65°酒精 5mL（稍加温溶解），1 次肌内注射，对第 3 期幼虫有治疗效果。

③ 二碘水杨酸酰基丙胺：为丸剂，每颗内含 300g，体重 30～40kg 服 1 颗，41～65kg 服 1.5 颗，60kg 以上服 2 颗。本药同时也驱肝片吸虫。羊鼻蝇流行地区，不需要特意驱虫，只要使用敌百虫按照预防性驱线虫时，则羊鼻蝇也能够被驱除，但需在每年的 7～8 月进行。

第四节　羊内科疾病

一、羔羊腹泻

羔羊腹泻俗称拉稀，很多因素都可以引起羔羊腹泻，总结起来主要有以下几个方面。

（一）发病原因

1. 营养不良性腹泻

① 出生羔羊营养不良，甚至先天不足，使得羔羊免疫力差。

② 羔羊出生后未能及时吃到初乳或初乳量不足，羔羊饥饿，容易舔食周边污物或不洁饮水从而导致营养不良性腹泻。

2. 饲养管理不善、环境卫生条件差

羔羊饲养管理不规范，精粗饲料搭配不科学，饲料转换过频，霉变冰冻饲料的饲喂，饮水不洁，量不足，防疫、驱虫、治疗用药不当等均易诱发腹泻。

3. 母羊疾病

母羊自身患病，如妊娠毒血症、乳房炎等，体内由于存在大量致病菌，常会引起母羊体温升高，生理机能紊乱，乳汁变性。

羔羊哺乳时，此类致病菌便会由乳汁乘虚侵入羔羊消化道，最终引发羔羊腹泻。

（二）临床症状

患病羔羊精神萎靡，厌食，虚弱，弓背，严重时起卧困难，后躯常被粪便污染。粪便（酸）恶臭，一般呈半液体状，往往混有未消化的饲料残片、气泡或浓稠黏液。单纯性消化不良引发的腹泻，粪便常与草料颜色相近，灰白或黄褐色，如粪便呈黑褐色或血色，往往为大肠杆菌、魏氏梭菌或中毒性致病因素引发。

（三）预防治疗

羔羊腹泻要预防为主。

① 加强怀孕母羊的饲养管理。特别要加强怀孕后期母羊的饲养管理，要贮备充足的越冬度春饲草，营养要全价，使临产母羊膘肥体壮，奶水充足，所产羔羊体质健壮。

② 使羔羊及时吃上初乳。出生2天后母子分养，定期哺乳，防止饱饿不均，引起消化不良。尽早给羔羊补饲，补充富含蛋白质、矿物质饲料。

③ 保持产羔圈舍卫生、保温、干燥、通风。

④ 药物治疗。

1）羔羊腹泻用抗生素治疗是重要环节。口服土霉素、链霉素各 0.125～0.25g，也可再加乳酶生1片，每天2次。

2）肌内注射痢菌净，羔羊每次 1～2mL，2次即可。

3）口服杨树花煎剂、增效泻痢宁、维迪康，对病毒引起的腹泻疗效较高。但更关键的是补充液体，调节机体酸碱平衡，防止酸中毒。

4）采用的药物主要是口服补液盐，对腹泻较轻的羔羊上下午各口服 50～100mL，同时灌服复方敌菌净 1 片/kg 体重，首次量加倍。此法简便易行，养殖者即可操作。

5）对失水严重、精神沉郁的羔羊尽快静脉补液，5% 葡萄糖生理盐水 100 ~ 150mL，缓慢输入。

二、瘤胃积食

瘤胃积食常发于采食过量粗硬易膨胀的干性饲料（豆类），又缺少饮水和运动的羊群。

（一）临床症状

病羊精神萎靡，食欲不振，反刍停止。病初不断嗳气，后停止，腹痛摇尾，弓背，回头顾腹，呻吟哞叫。鼻镜干燥，耳根发凉，口出臭气，粪少而干黑，瘤胃蠕动音弱，触诊瘤胃胀满、坚实，似面团状，指压时有压痕。后期呼吸迫促，脉搏增加，黏膜呈深紫红色。

（二）预防治疗

以消食下泻、排除瘤胃内容物为主，辅以止酸防腐，健胃补液。

① 用硫酸镁或硫酸钠，成羊 50 ~ 80g 配成 10% 溶液，一次性灌服，或石蜡油 100 ~ 200mL，1 次内服。

② 用 5% 碳酸氢钠 100 ~ 200mL，加 5% 葡萄糖 200 ~ 400mL 静脉滴注。

③ 中药用陈皮 10g，枳壳 6g，枳实 6g，神曲 10g，厚朴 6g，山楂 10g，萝卜籽 10g，水煎取汁灌服。

三、瘤胃膨气

常见于春季采食大量容易发酵的饲料（嫩豆苗、麦草等）而致病。

（一）临床症状

一般呈急性发作，初期病羊表现不安，顾腹，拱背，努责，呻吟，反刍，嗳气减少或停止，食欲减退或废绝。很快出现腹围膨大，左肋部隆起，叩诊呈鼓音，心律较快而弱，呼吸困难。重症虚弱无力，站立不稳。

（二）预防治疗

以胃管放气、止酵防腐、清理胃肠为主。

① 用氧化镁 30g，加水 300mL 灌服。

② 石蜡油 200mL，鱼石脂 2～4g，酒精 10mL，加水适量，1 次灌服。

③ 用蒜 200g 捣碎后加食用油 150mL，1 次喂服。

④ 病情较重者应实施瘤胃穿刺术。

四、胃肠炎

（一）临床症状

病羊消化机能紊乱，发热，腹泻，食欲废绝，口腔干臭，舌面有黄白苔，不时排稀或水样粪便，有恶臭或腥臭，粪便混有血液及坏死组织片，并伴有严重脱水症状。

（二）预防治疗

以抗菌消炎、补充体液为主。

① 使用庆大霉素 20 万单位，肌内注射，每天 2 次。

② 脱水严重时配以复方生理盐水或 5% 葡萄糖注射液 200～300mL，加 10% 樟脑磺酸钠 4mL，维生素 C 100mg，混合静脉注射，每天 1～2 次。

③ 中药以黄连 4g，黄芩 10g，黄柏 10g，白头翁 6g，枳壳 9g，砂仁 6g，猪苓 9g，泽泻 9g，水煎去渣温服。

五、口炎

（一）临床症状

病羊食欲减少，口腔流涎，品尝迟缓，有口臭。卡他性口炎患羊口腔黏膜发红，充血，肿胀，疼痛；得水疱性口炎的羊上、下唇内有很多大小不等的充溢通明或黄色液体的水泡；溃疡性口炎患羊可见有分明溃疡性病灶，口内恶臭，体温升高。

（二）预防治疗

① 轻度口炎可用 0.1% 雷佛奴尔液，或 0.1% 高锰酸钾液或 20% 盐水冲洗。

② 发生糜烂及渗出时，用 2% 明矾液冲洗。

③ 口腔黏膜有溃疡时，可用磺甘油、5% 磺酊、龙胆紫溶液、磺胺软膏、四环素软膏等涂擦患部。

④ 体温升高时，用青霉素 40 万 ~ 80 万单位，链霉素 100 万单位，肌内注射，每天 2 次，连用 3 ~ 5 天。

⑤ 中药用青黛散（青黛 9g，黄连 6g，薄荷 3g，桔梗 6g，儿茶 6g 研细末）或冰硼散，装入长方形布袋内口衔或直接撒布于口腔，成效均较好。

六、羔羊白肌病

白肌病是羔羊的一种急性或亚急性代谢病，临诊上以运动障碍和循环衰竭为特征，病理学上以骨骼肌和心肌变性坏死为特征。白肌病是因母羊在妊娠和泌乳期间代谢性硒缺乏所引起。

（一）发病原因

本病的发生主要是饲料中硒和维生素 E 缺乏或不足，或饲料内钴、锌、银等微量元素含量过高而影响动物对硒的吸收。在缺硒地区，羔羊发病率很高。由于羊机体内硒和维生素 E 缺乏时，使正常生理性脂肪发生过度氧化，细胞组织的自由基受到损害，组织细胞发生病变、坏死，并可钙化。病变可波及全身，但以骨骼肌、心肌受损最为严重，可引起运动障碍和急性心肌坏死。

（二）临床症状

病变部肌肉色淡，好像煮过似的，甚至苍白，故得名白肌病。多呈地方性流行，3 ~ 5 周龄的羔羊最易患病，死亡率有时高达 40% ~ 60%。生长发育越快的羔羊，越容易发病，且死亡越快。剖检可见骨骼肌苍白，心肌苍白、变性，营养不良。

（三）病理变化

眼睑、鼻侧、下颌、胸部、耻骨部、股内侧、尾根等处皮下有胶冻样浸润。前肢及后肢的大整块肌肉呈对称性变化，顺肌纤维方向形成黄白色粗线状清晰的纹理，或在肌纤维束上见小米粒大小黄白色小点形成的串珠状条索，个别肌肉变为均匀一致的黄白色，病变的肌肉间隙胶冻样浸润。心肌色淡，似煮熟状，外膜及内膜有出血斑点。肺间质水肿，被膜下有出血斑点。肾柔软，表面呈紫红色与土黄色相间。胸腔、心包腔及腹腔积有多量淡黄色液体。

（四）诊断

综合临床症状、血清理化指标及典型的病理剖检变化，诊断为羔羊白肌病。

（五）预防治疗

① 加强母羊饲养管理：母羊在妊娠的后半期和泌乳初期补充含亚硒酸钠和维生素 E 的添加剂。对生产前 1 个月的母羊补给 0.2% 亚硒酸钠溶液，皮下或肌内注射，剂量为 4~6mL。也可以注射 0.1% 亚硒酸钠维生素 E 合剂 5mL。

② 加强羔羊出生后的饲养管理：羔羊出生后 3 天肌内注射亚硒酸钠维生素 E 合剂 2mL，断奶前再注射 3mL。

③ 对发病羔羊进行治疗：颈部皮下注射 0.1% 亚硒酸钠溶液 2~3mL，隔 20 天再注射 1 次。如同时肌内注射维生素 E 10~15mg，效果更好。

第五节　羊常见的中毒病

肉羊在正常生产过程中，由于饲料原料的储存方式和使用方法不同，常引起羊的各种食物中毒现象。目前，临床上常见的有羊肉毒梭菌中毒症、母羊妊娠毒血症、酸中毒、羊氢氰酸中毒、有机磷农药中毒、食盐中毒和尿素中毒等几种中毒现象。

一、羊肉毒梭菌中毒症

肉毒梭菌中毒症是羊食入有肉毒梭菌毒素的饲料或食物引起的一种急性中毒性疾病。临床上以运动神经中枢麻痹为发病特征。本病不常见，但任何地区都可发生，致死率很高，常造成严重损害。

（一）发病原因

肉毒梭菌的芽孢广泛分布于自然界，各种畜禽均有易感性，动物只有食入被肉毒梭菌毒素污染的饲料、饮水后才能发病。多发于夏、秋两季，呈散发或地方性流行。

（二）临床症状

病羊初期常表现兴奋症状，共济失调，步态僵硬。行走时头弯于一侧或做点头运动，尾向一侧摆动。流涎，有浆液性鼻漏。腹式呼吸，终致呼吸麻痹死亡。

（三）病理变化

病尸剖检一般无特异变化，有时在胃内发现骨片、木石等物，说明生前有异食癖；咽喉和会厌处有灰黄色被覆物，其下面有出血点；胃肠黏膜可能有卡他性炎症和小点状出血，心内外膜也可能有小点状出血；脑膜可能充血；肺可能发生充血和水肿。

（四）诊断

通过调查发病原因和发病经过并结合临床症状和病理变化，可做出初步诊断；若进一步确诊，必须检查饲料和尸体内有无毒素存在。

（五）预防治疗

1. 预防

注意环境卫生，及时清除牧场或羊舍内的腐败尸体和残骸，特别注意不用腐败饲草喂羊；平时在饲料中添加适量的食盐、钙和磷等矿物质，以防止动物发生异食癖，乱舔食尸体和残骸等；发现本病应及时查明毒素的来源，予以清除。

2. 治疗

特异性治疗可用肉毒梭菌多价血清，但须早期使用，同时使用泻剂和进行灌肠，以帮助排出肠内的毒素。遇有体温升高者，需同时注射抗生素或磺胺类药物以防发生肺炎。

二、母羊妊娠毒血症

羊妊娠毒血症是怀孕母羊的一种亚急性代谢病，多发生在妊娠最后两个月，亦见于分娩前2~3天，该病的特点是肝脂肪浸润，低血糖和血、尿中出现酮体。

（一）发病原因

妊娠毒血症也叫酮病，发病主要有以下几个原因。

① 配种过早。养羊户急于母羊的繁育，盲目追求经济效益，对未达到体成熟的母羊过早配种，母羊身体各器官还未发育完全就已经身怀多胎，结果导致本病的发生。

② 饲养管理水平低。饲料营养不全，导致妊娠母羊发病；在妊娠中后期，胎儿生长迅速，代谢旺盛，而日粮中谷物类不足，造成体内酮体浓度增高，发生酮血症、酮尿症和酸中毒。

③ 子宫胎盘供血不足、子宫张力过高（多胎羊）或羊水过多等压迫子宫血管引起子宫缺血，导致胎盘早期剥离。

④ 各种应激因素的作用。气候剧变、疼痛、长途运输禁饲、饲料突变等，常使血糖降低引起本病。

（二）临床症状

羊病初食欲减退，精神沉郁，离群呆立，举动不安，步态不稳，黏膜苍白，随着病情发展，瞳孔散大，视力减退，可视黏膜黄染，呆滞凝视；严重时食欲废绝，起立困难而卧地，头向侧仰，耳震颤，眼肌挛缩，咬齿，心跳加快，呼吸困难，在昏迷中死亡。

（三）预防治疗

1. 加强饲养管理

① 在妊娠后期加强补饲，每只每天补精料 0.6 ~ 0.8kg，青干草 1 ~ 1.5kg，减少青贮料喂量。同时注意补饲胡萝卜、食盐、骨粉，调整钙、磷等矿物质的比例。

② 让母羊在妊娠期适当运动，动作要慢、稳，防止拥挤、压、咬、撞、跃、打、踢；禁止无故捕捉、惊扰羊群或抽冷鞭。

2. 治疗

① 让病羊每次服 1 瓶优能钙口服液，每天服 2 次。

② 用必灵注射液肌注（羊每千克体重用 0.1 ~ 0.2mL）或生理盐水稀释（按 1：10 的比例）后缓慢滴注。

③ 给病羊一次静注 5% 的碳酸氢钠溶液 100mL，每天 1 次，连续 3 天。

④ 为了防止继发感染，用抗生素类注射液每千克体重 0.1mL 肌注，连用 2 ~ 3 天。

三、酸中毒

（一）发病原因

由于饲养者管理不当，致使羊采食过量的精料（玉米、大麦、稻谷、麸皮等），由于缺乏粗饲料的作用，瘤胃中的精料很快发酵而产生大量乳酸，导致瘤胃酸中毒病的发生。

（二）临床症状

发病快，急症时常在发病后 3 ~ 5 小时内死亡。患羊死前张口吐舌，甩头蹬腿，高声哞叫，口内流出泡沫样含血液体。病程较缓者，病初患羊兴奋甩头；后精神沉郁，食欲废绝，目光无神，呈现严重脱水症状，并伴有腹泻。

（三）预防治疗

预防该病最有效办法是限量喂精料。对急需补喂精料的羊，要在日粮中按精料总量的2%加入碳酸氢钠。对已发生有瘤胃酸中毒症状的羊，可采取以下综合措施治疗。

① 静脉注射生理盐水或5%葡萄糖氯化钠250～500mL，以增加血液容量。

② 静注5%碳酸氢钠注射液10～20mL，以缓解酸中毒。

③ 肌注青霉素G钠（钾）40万～80万单位，以防止羊继发感染。

④ 当患羊表现兴奋、甩头等症状时，可用20%甘露醇或25%山梨醇25～30mL静脉滴注。

⑤ 当患羊症状减轻，脱水症状缓解，但仍卧地不起时，可静注葡萄糖酸钙注射液10～20mL，以补充血钙浓度，加强心脏收缩，增强抵抗力。

四、羊氢氰酸中毒

（一）发病原因

常因羊采食过量的胡麻苗、高粱苗、玉米苗等而突然发作；机榨胡麻饼因含氰苷量多，饲喂过多易发生中毒；应用中药治病，当杏仁、桃仁用量过大时，亦可致病。

（二）临床症状

病羊初期咳嗽，体温升高，呈弛张热型，高达40℃以上；呼吸浅表、增数，呈混合性呼吸困难。叩诊胸部有局灶性浊音区，听诊肺区有捻发音。呈现间歇热，体温升高至41.5℃；咳嗽，呼吸困难。

（三）病例变化

剖检可见尸僵不全，血液呈鲜红色，凝固不良，口腔有血色泡沫，喉头、气管和支气管黏膜有出血点，气管和支气管内有大量泡沫状液体。肺充血、出血和水肿，心内外膜有点状出血。胃肠黏膜充血和出血，胃内充满气体，有苦杏仁味。

（四）诊断

根据采食情况及临床症状可做出诊断。饲料性中毒时吃得越多死得越快，确诊必须进行毒物分析。

（五）预防治疗

① 禁止在含有氰苷作物的地方放牧。用含有氰苷的高粱苗、玉米苗、胡麻苗等作饲料时，应经过水浸或发酵后再喂饲，要少喂勤喂，一次不喂过多。

② 发病后应立即应用亚硝酸钠 0.1~0.2g，配成 5% 的溶液，静脉注射，然后再注射 3%~10% 的硫代硫酸钠溶液 20~60mL。

五、有机磷农药中毒

羊有机磷农药中毒是羊接触、吸入或采食了有机磷制剂所引起的一种中毒性病理过程，以体内胆碱酯酶活性受到抑制，导致神经生理机能紊乱为特征。

（一）临床症状

临床上可以分为 3 类症状。

1. 毒蕈碱样症状

表现为食欲不振，流涎，呕吐，腹泻，腹痛，多汗，尿失禁，瞳孔缩小，可视黏膜苍白，呼吸困难，肺水肿，以及发绀等。

2. 烟碱样症状

表现为肌纤维性震颤，血压升高，脉搏频数，麻痹。

3. 中枢神经系统症状

表现为兴奋不安，体温升高，抽搐，昏睡等，中毒羊兴奋不安，冲撞蹦跳，全身震颤，渐而步态不稳，以至倒地不起，在麻痹下窒息死亡。

（二）诊断

依据症状、毒物接触史和毒物分析，并测定胆碱酯酶活性，可以确诊。

（三）预防治疗

① 严格农药管理制度和使用方法，不在喷洒农药地区放牧，拌过农药的种子不得喂羊。

② 阿托品皮下注射，剂量每只 2～4mg，病情严重者可加大剂量 2～3 倍，第一次注射后隔 2 小时再注射一次，直到症状减轻为止。

③ 10% 葡萄糖注射液 500mL，碘解磷啶注射液 15mg/kg 体重，静脉滴注；2 小时后再静脉推注一次，剂量同上。

六、食盐中毒

主要症状表现为口渴。急性中毒羊口腔流出大量泡沫，兴奋不安，磨牙，肌肉震颤。应及时给予大量饮水，并内服油类泻剂，静脉注射 10% 的氯化钙或 10% 的葡萄糖酸钙。皮下或肌内注射 B 族维生素，并进行补液。

七、尿素中毒

表现为精神不安，肌肉颤抖，步态不稳，卧地呻吟，气胀。发现是尿素中毒，首先灌服食醋 200～300mL，内服硫酸钠、硫酸镁或植物油等泻剂，臌气严重时可实施瘤胃穿刺术。如果无效，应增加食醋用量，使瘤胃气胀逐渐消失。

第十五章　羊场废弃物无害化处理技术

羊场废弃物包括病死羊、羊的粪便以及养殖废水等对生产和生活环境造成危害和破坏的固体、液体和气体废物。畜禽粪便既是宝贵的资源，又是一个严重的污染源，如不经妥善处理即排入环境，将会对地表水、地下水、土壤和空气造成严重污染，危及畜禽和人类的健康。

第一节　病死羊的无害化处理

要实施羊无害化饲养，最关键的是保持羊群的健康。一旦羊发病或出现死亡，及时进行病、死羊的无害化处理，也是实施健康养羊的关键措施之一。由致病因子致死的羊，其尸体可成为同舍或同场及其他羊场的感染源。同样，无法救治的病羊能向环境排出传染性病毒或有毒细菌，必须使此类羊立即离开羊群，采取不会把血液和浸出物散播的方法加以扑杀。所有尸体，不论是死亡于临床表现严重的传染性疾病，还是死于确诊的普通性疾病，都要采取下列方法之一处理，以防疾病传播。

一、烧煮或炼油

像处理其他家畜尸体一样，新死的羊也可以炼制成肥料或其他产品。炼制温度必须达到灭菌的温度。运输尸体的卡车应清洗、消毒。装载尸体的容器必须进行清洁和灭菌。在尸体运输过程中，必须事前和事后均要采取严格的消毒措施，运输途中也必须采用严格的全密闭车辆承载。如果不采取严格的预防措施，就有可能从某些发病地区带入另一地区。

二、焚烧

焚烧是杀死传染性病菌的最可靠方法。对于小范围的病死羊，如不需要到集中地处理时，可自己购置焚尸炉。为了实施无公害养羊生产，羊场可以购进小型的经济、实用型焚尸炉，这样可便于养羊场及时将病、死羊进行处理。但这类焚尸炉必须设计合理，以免在燃烧时出现空气污染。

三、掩埋

对于那些死亡严重的尸体处理问题，或经济效益承受能力较差的养羊场，在目前我国环境法规尚允许的条件下，可挖一深沟掩埋尸体，这样其他动物就不会接触到。最好也是最容易的方法就是用反向铲挖成一个深而窄的沟，把当天收集到的死羊投放在里面，然后撒上石灰覆盖，以免病菌通过空气传播，到装满为止。

第二节　羊场粪便的处理

目前，羊场粪便处理最有效的方法就是畜禽粪便资源化。所谓的资源化就是指通过一定的技术处理，将粪便由废弃物变成资源，变成农业的肥料和燃料。

一、用作肥料

畜禽粪便用作肥料是我国劳动人民在长期生产实践中总结出来的，能够促进农业的增产增收。过去一家一户小规模饲养，畜禽粪便容易收集，大多数采用填土垫圈的方式或堆肥方式利用畜禽粪便，俗称农家肥。长期以来，人们一直利用农家肥给作物施肥，也就有了"庄稼一枝花，全靠粪当家"的谚语。

羊粪是一种速效、微碱性肥料，有机质多，肥效快，适于各种土壤施用。经发酵后作为肥料使用，是减轻其环境污染、充分利用农业资源最经济有效的措施。随着集约化畜禽养殖的发展，畜禽粪便也日趋集中，在一些地区兴建了一批畜禽有机肥生产厂。

采用的方法有堆肥发酵法、快速烘干法等。目前我国广泛采用堆肥发酵法利用羊粪，这种方法可以杀死羊粪便中的微生物，有效提高羊粪的肥效。并且可以降低有机肥生产的成本，只要一个堆肥发酵场地，并不需要太多的投入。

利用生物肥料发酵菌发酵生产的有机肥具有以下特点：无害化程度高、改良土壤、利于吸收、缓速增效，增产增收、均衡营养、生产成本低、可以改良土壤、改善农作物产品品质，提高农作物的产量，对促进我国特色农业的发展起到推动作用。发酵后的羊粪能改善土壤结构、增强肥效、刺激生长和促进土壤化学活性及生物活性提高的作用，不仅提高了土壤肥力水平，而且土壤保水供水能力增强，刺激作物根系发育多而长，增强了土壤抗干旱能力；有调节土壤温度功能，增强土壤缓解低温及高温危害功能；提高对酸碱的缓冲作用，能够防止和减少土壤酸碱危害和盐害，有利于防治土壤退化和沙化；吸附、螯合、络合氧化还原、离子交换作用及提高土壤微生物及土壤酶活性等功能的综合作用，对防治土壤农药、重金属、有机污染物污染与减少水体富营养化污染等。羊粪经高温杀菌，发酵腐熟，脱臭无害化处理，结合微生物肥料发酵菌种等特殊工艺精制而成。安全高效，无毒无害，养分全面，性质稳定，逐步分解，提高抗疫力，促进壮苗，属于天然有机营养、优质环保新型有机肥料。

尽管畜禽粪便是十分有效的有机肥，但从当前的利用来看还不很乐观，主要是由于我国农业化学化的进步，很多地方化肥的使用取代了传统的有机肥。特别是随着畜禽业集约化养殖迅速发展，使养殖业和种植业更加脱节，因而畜禽粪便的利用率极低。据调查，有25%的畜禽粪便堆放在养殖场内或粪便池中未被利用，必然严重污染环境。在一些农村，庭院畜牧经济和畜牧专业户的出现，形成了在下雨时粪便随雨水到处流淌，严重污染环境；粪便不仅没有处理，更没有及时利用，造成对资源的极大浪费。

二、用作燃料

厌氧发酵法是将畜禽粪便和秸秆等一起进行发酵产生沼气，是畜禽粪便利用最有效的方法。这种方法不仅能提供清洁能源，解决我国广大农村燃料短缺和大量焚烧秸秆的矛盾，同时，也解决了大型畜牧养殖场的畜禽粪便污染问题。畜禽粪便发酵生产沼气可直接为农户提供能源，沼液可以直接肥田，沼渣还可以用来养鱼，形成养殖与种植紧密结合的生态模式。虽然建设沼气需要一定的资金和费用，但在长期的生产实践中，我国劳动人员总结了许多建设沼气池的经验，创造出牲畜圈—沼气池—菜地、农田—鱼塘连为一体的种植—养殖循环体系。这种循环体系的沼气池不用太大的投资，效益非常显著，能量得到充分利用，农村庭院生态系统物质实现了良性循环。

附件 肉羊饲养禁止使用的兽药及其他化合物

类别	药物及药物添加剂	禁止用途	备注
β-兴奋剂类	克仑特罗、沙丁胺醇、西马特罗及其盐、酯及制剂	所有用途	
雌性激素类	己烯雌酚及其盐、酯及制剂	所有用途	
具有雌激素作用的物质	玉米赤霉醇、去甲雄三烯醇酮、醋酸甲孕酮及制剂	所有用途	
	氯霉素及其盐、酯（包括：琥珀氯霉素及制剂）	所有用途	
	氨苯砜及制剂	所有用途	
硝基呋喃类	呋喃唑酮、呋喃它酮、呋喃苯烯酸钠及制剂	所有用途	
硝基化合物	硝基酚钠、硝呋烯腙及制剂	所有用途	
杀虫剂类	眠酮及制剂	所有用途	
	林丹（丙体六六六）	杀虫剂	
	毒杀酚（氯化烯）	杀虫剂	
	呋喃丹（克百威）	杀虫剂	
	杀虫脒（克死螨）	杀虫剂	
	酒石酸锑钾	杀虫剂	
	锥虫胂胺	杀虫剂	
	五氯酚酸钠	杀螺剂	
各种汞制剂	氯化亚汞（甘汞）、硝酸亚汞、醋酸汞、吡啶基醋酸汞	杀虫剂	
雄性激素类	甲基睾丸酮、丙酸睾酮、苯丙酸诺龙、苯甲酸雌二醇及其盐、酯及制剂	促生长	

（续表）

类别	药物及药物添加剂	禁止用途	备注
催眠、镇静类	氯丙嗪、地西泮（安定）及其盐、酯及制剂	促生长	
硝基咪唑类	甲硝唑、地美硝唑及其盐、酯及制剂	促生长	
各种抗生素滤渣			

参考文献

［1］张英杰，等．肉羊高效饲养与疫病监控．北京：中国农业大学出版社，2002．

［2］张居农，等．高效养羊综合配套新技术．北京：中国农业出版社，2001．

［3］庞连海，等．肉羊规模化高效生产技术．北京：化学工业出版社，2012．

［4］张英杰，等．绵羊舍饲半舍饲养殖技术．北京：中国农业科学技术出版社，2002．